人生感悟每日读

不管是浅尝，还是深品，每天读一点人生感悟都能给你安慰，给你鼓舞，给你力量，帮你开启成功、幸福的人生之门。

人生感悟
每日读

在故事中感悟　在感悟中成长

沅敏◎编著

研究出版社

图书在版编目（CIP）数据

人生感悟每日读 / 沉敏编著.
— 北京：研究出版社，2013.1（2021.8重印）
ISBN 978-7-80168-745-6

Ⅰ.①人…

Ⅱ.①沉…

Ⅲ.①人生哲学－通俗读物

Ⅳ.①B821-49

中国版本图书馆CIP数据核字（2012）第307088号

责任编辑：之 眉 **责任校对：陈侠仁**

出版发行：研究出版社
　　　　地 址：北京1723信箱（100017）
　　　　电 话：010-63097512（总编室）010-64042001（发行部）
　　　　网址：www.yjcbs.com　E-mail: yjcbsfxb@126.com
经　销：新华书店
印　刷：北京一鑫印务有限公司
版　次：2013年4月第1版　2021年8月第2次印刷
规　格：710毫米×990毫米　1/16
印　张：14
字　数：205千字
书　号：ISBN 978-7-80168-745-6
定　价：38.00 元

前　言
FOREWORD

　　从前，有一个铁匠打了两把宝剑。刚从炉子里取出来时，两把宝剑一模一样，又笨又钝，没有锋刃。铁匠看了看，决定打磨它们。这时候，其中一把宝剑想：这些钢铁都来之不易，不应该浪费了，还是不要磨了。于是，它把这一想法告诉了铁匠，铁匠满足了它的要求，转身去磨另一把剑。另一把宝剑没有反对而是愉快地接受了磨砺。就这样，第二把宝剑被磨得寒光闪闪，锋利无比。

　　一切工序完成后，铁匠就把两把剑挂在了店铺的墙上。来到店铺的人，都纷纷赞叹那把磨好的宝剑。几天后，来了一个真正的买家，他一眼就看上了磨好的那把宝剑，而另一把却一直无人问津。

　　铁匠制造了两把同样的宝剑，而两把剑最后的命运却完全不同。一把谁见了都喜欢，而另一把则被人冷落；锋利的那把充分地实现了它的价值，而钝的那把则成了不中用的钢铁。

　　人生的道理与宝剑的命运也很相似。人生不可能面面俱到，也不是获得的东西越多越好。在人生的旅途中，有不少多余的东西，不管是多余的财富，多余的情感，还是多余的道理，都像剑刃上那些多余的钢铁一样，并没有什么价值了，一定要毫不惋惜地把它们磨掉。

　　生活中类似上面的小故事与人生感悟，其实有很多很多。故事虽小，但深含寓意，发人深思；感悟虽小，却鞭辟入里，多有裨益。本书就收集了这些经典的小故事与深具启发性的人生感悟，为读者打开一扇心灵之窗。

人生应该是乐观、豁达、智慧、简单而积极的，有些人的心灵被欲望、消极、忧伤的灰尘蒙蔽得太久，看不到蓝色的天空。如果你想不断地修炼自我、追求卓越的品质，如果你愿意丰富自己的思想，如果你渴望提高人生的质量，如果……

那么就请翻开此书吧，在闲暇时细细品味其中的甘甜，在苦闷彷徨时思考心灵的方向。"横看成岭侧成峰，远近高低各不同。"不管你是浅尝，还是深品，本书都能给你安慰，给你鼓舞，给你力量，帮你开启成功、幸福的人生之门。

目 录
CONTENTS

第三章 提高生活质量 从重视工作开始

第四章 艰难困苦 成长历练的基石

第五章 经营好情感 享受幸福人生

第六章 知足常乐 善莫大焉

第七章 心态平和稳定 生活从容无忧

第八章　一副好口才　处处受欢迎

第九章　人际关系　源于良好的交际

第一章 完善品格 提高素养

世界不是完美的，人同样也不是完美的。一个人的知识、才华和修养都不完全是天生的，主要是通过个人后天努力学习获得的。歌德曾经说过："年轻时可以发生谬误，但是，却不能将谬误一直带到年老。"

不要带着情绪做事

能够自我控制是一种难得的做人美德，但事实上能够做到这点的人并不多。有一位专家对监狱里的20万名成年犯人做过一项调查，结果出乎他的预料：这些男女犯人之所以沦落到监狱中，有百分之九十是因为失去必要的自我控制力，把有效的精力用在了消极方面，导致了犯罪。通过这项调查，专家得出结论：如果要做个极为"平衡"的人，那么你身上的热忱和自制必须相等且平衡。

为了进一步证实他的调查结论，说明自制的重要性，他来到了一家大型超市，看到在这家超市受理顾客提出抱怨的柜台前，许多顾客排着长长的队伍，争着向柜台后的那位年轻女郎诉说他们的种种不满和要求。在这些投诉的顾客中，有的人十分愤怒，而且有些无理取闹的意味，更有甚者还讲出让人难以接受的话。尽管如此，接待这些愤怒而不满顾客的年轻小姐，丝毫未表现出任何不满的情绪和憎恶。相反，她的脸上始终带着会意的微笑，指导这些顾客前往合适的部门。看到年轻女郎优雅而镇静的态度，这位专家对她的自制修养大感惊讶和佩服。

专家站在那儿观看那群带着情绪排成长队的顾客，发现柜台后面那位年轻女郎脸上亲切的微笑就像温暖的阳光，对这些愤怒的顾客们产生了良好的缓和作用。当顾客们来到她面前时，个个都带了满肚子的怒气，像是咆哮的野狼，但当他们离开时，一点脾气都没有了，个个又像是温顺柔和的绵羊。专家还发现了一个细节，顾客中的某些人离开时，脸上甚至露出羞怯的神情，微微低下了头，因为这位年轻女郎的自制和镇静，已使他们对自己的过分行为感到惭愧。

自从专家亲眼看到那一幕之后，每当对自己不喜欢听到的评论感到不耐烦时，就立刻想起了柜台后面那名女郎自制而镇静的神态。当他遇到不满的事情时，总是尽力地克制自己。现在他已经养成一种习惯，对于不愿听到的话和是非，就把两个耳朵"闭上"，避免自己在听到之后徒增憎恨与愤怒，失去控制而做出不当的行为。

这位专家在回忆自己事业生涯的初期时发现，由于缺乏自制，自己的行为给生活造成了极为可怕的影响，人际关系也出现了紧张的情况。当从一个十分普通的事件中发现自制的重要性时，他得到了一生当中最重要的一次教训。

在一次偶然中，专家和办公室大楼的后勤管理员发生了一场误会。专家决定亲自找这个管理员理论，当专家找到管理员时，发现他正在翻看一本杂志，同时吹着口哨，仿佛什么事情都未发生似的。

看到这种情形，专家怒不可遏，立刻破口大骂。6分钟后，专家把所能想到的骂词用尽了，实在想不出其他骂人的词句，只好放慢了速度。这时候，管理员站直身体，转过头来，脸上露出了微笑，并以一种充满镇静与自制的柔和声调对专家说：

"呀，你今天早上有点儿激动吧，小心伤着身体！"

这句话就像一把锐利的短剑，一下子刺进专家的心脏。

试想，专家当时会有什么样的感觉？一位普通的管理员，在许多方面都不如专家，但他却在这场战斗中打败了专家，更何况这场战斗的场合以及武器都是专家自己挑选的。

专家知道，他不仅被彻底地打败了，而且更糟糕的是，他是主动的，甚至是不理智的一方，所有的这一切只会增加他的惭愧和羞辱感。

专家无地自容，他迅速转过身子，以最快的速度回到办公室。他无法静下心来做其他事情了。当把这件事反省了一遍之后，他发现是自己错了。但是，他又很不愿意采取行动来化解自己的错误。

他的内心告诉他，只有向那个人道歉，他的内心才能平静。经过反复的思想较量，他费了一个多小时的时间才下定决心到地下室去，化解这个矛盾。

他来到地下室后，把那位管理员叫到了门边。管理员显得很平静，用温和的声调问专家："你这一次想要干什么？还想骂我吗？"

专家告诉他："如果你愿意接受，我是回来为我刚才的行为道歉的。"这时，管理员脸上又露出平静的微笑，他说："凭着上帝的爱心，你也不必向我道歉。除了你和我之外，并没有另外一个人听见你刚才所说的话。如果我不把它说出去，那你也不会说出去。因此，我们不如就把此事忘了，一切重新开始。"

专家听完这段话后，内心受到了深深的震撼，因为管理员不仅表示愿意原谅他，实际上更表示愿意帮助专家隐瞒此事，不使它宣扬出去，这对专家来说，无异于更大的伤痛。

专家向管理员走过去，抓住了他的手，使劲握了握。专家不仅是用手，更是用心和他握手。当专家走回办公室后，他长长地舒了口气，感到心情十分愉快，因为他终于鼓起勇气，承认了自己做错的事，改善了人际关系。

自从这件事发生之后，专家下定了决心，以后无论遇到什么样的事情，都绝不再失去自制。因为一旦失去自制，自己就有可能做出愚蠢的事情，伤害到另一个人，并且破坏自己的人际关系。

从此以后，专家结交了更多的朋友，与自己作对的人也越来越少，很多人开始愿意与他交往。这件事情成为专家一生当中最重要的一个转折点。他曾对朋友说："这件事教导我，一个人除非先控制了自己，否则他将无法控制别人。它也使我明白了这两句话的真正意义'上帝要毁灭一个人，必先使他疯狂'。"

❧ 人生感悟 ❧

做人必须懂得如何自我控制，否则，一切美好的事情都会因你情绪的失控而毁掉。许多人并不是因为自己不聪明，而是因为失控导致了一次又一次的失败，这是做人的教训。生命是短暂的，有很多事情等着我们去完成，因此我们不必对不喜欢的人和事产生冲动的情绪或者进行"反击"。

勿因固执失去自己

在一次哲学课上，教授为学生讲了以下这个故事：在一个偏僻的小村落，下了一场非常大的雨，一场洪水开始慢慢地淹没全村。这时候，一位虔诚的神父在教堂里祈祷洪水马上退去，当时洪水已经淹到了他跪着的膝盖了。外面的人都忙着逃跑，这时一个救生员驾着救生船来到教堂，对神父说："神父，赶快上船来吧！洪水越来越大，会把你淹死的！"神父说："不！上帝会来救我的，你不用担心，先去救别人好了。"

几分钟后，洪水已经淹没神父的胸口了，神父无奈之下，只好勉强站在祭坛上继续祷告。这时，有一个警察开着快艇赶了过来，他对神父大声说："神父，快上来，洪水已经无法控制了，不然你真的会被淹死！快一点！"神父说："我不会走的，我要守住我的教堂，上帝一定会来救我的，你不必操心。你还是先去救那些无人管的人吧。"于是，警察走了。

眨眼工夫，洪水已经把整个教堂淹没了，神父痛苦地挣扎着，他紧紧地抓住教堂顶端的十字架。这时，一架直升机从远处缓缓地飞过来，飞行员用高音喇叭喊着，并丢下了绳梯，大叫："神父，不要再固执了，快上来，这是最后的机会了，其他人都撤了，就剩下你自己了"。尽管形势危急，但神父还是意志坚定地说："我必须守住我的教堂！我相信上帝一定会来救我的，上帝会与我共在的！谢谢你。"

无情的洪水滚滚而来，固执的神父被洪流卷走了……神父上了天堂，见到上帝后非常气愤。他质问："主啊，我终生奉献自己，为你付出一切也在所不惜，并且每天都战战兢兢地侍奉您，为什么洪水到来的时候，你不肯救我！让我过早地上了天堂呢？"上帝笑了，温和地说："我怎么不肯救你、不肯关心你呢？第一次，我派了救生船去救你，你不走，我以为你担心救生船危险。第二次，我又派一只快艇去，但你仍不离开，还是固执己见。第三次，看在你一直虔诚的份上，我以高规格的礼仪待你，单独派了一架直升机去救你，但最后你还是拒绝了，我想不出你拒绝的其他理由。所以，我以为你急着想要回到我的身边来，所以你就这样过来了。"

故事是现实的一个侧面反映，生活中的许多人，固执地坚持自己的要求、自己的主见，最后却失去了许多的东西。

❀ 人生感悟 ❀

生命旅程中有太多的障碍，固然有许多原因，但由于过度的固执和无知造成的却不在少数。在别人伸出援手之际，别忘了，唯有我们自己也愿意伸出手来，人家才能帮得上忙，也才会有希望。

骄傲是人生的绊脚石

人的个性是一种最为基本的气质或情绪本质，与个人的性格有着极为密切的关系。比如，同样是一件事情，发生在某种性格的人身上可以忍受，而发生在另一种人的身上可能根本无法忍受，或做出异样的行为。每个人的个性都是天生的，与后天的人生经历也有相当的关系，有些人的个性很容易被激怒，而有些人的忍耐力就比较强，能容忍不公的待遇。骄傲自满就是一种最典型的个性气质。

人们常说"谦虚使人进步，骄傲使人落后"，这句话确实有它的道理。在兵家的说法中，有一条就是骄兵必败，这一点在历史上已经有过无数的经验教训。有时往往由于暂时的胜利，狂饮欢歌，甚至忘记敌军的存在，这种被胜利冲昏头脑的军队，必然会遭到失败。明末的农民起义领袖李自成，当他成功夺下北京后，没有重视雄踞关外的清兵，结果一败涂地，将胜利的果实拱手送给了清兵。吕布的骄人傲慢，成为人们吸取经验教训的反面教材。

《三国演义》中吕布是非常厉害的将领之一。他曾经辕门射戟，吓退袁绍三万精兵。但他最致命的弱点就是容易忘乎所以，"让胜利冲昏了头脑"。盛名之下的吕布有些得意忘形了，开始目空一切、唯我独尊、骄傲恣肆起来，他经常怒气冲天，颐指气使，好像一切都是他的功劳。最后，他众叛亲离，失去了应有的历史成就。

能够夺取天下的，不仅仅是靠勇武，更是谋略、智慧的较量。一个人如果能控制自己的怒火自然能运用谋略，取胜的机会也自然提升；如果控制不住自己的性情，那么就只好凭借匹夫之勇，胜算的把握就可想而知了。刘邦在项羽要把老父烹煮的恫吓之下，依然面不改色，仅凭这一点，善于斗智的刘邦就能战胜力拔山兮的项羽。而吕布只不过是又一个项羽的化身罢了。

虽然一个人的个性与先天有很大关系，但是人的脾气还是可以控制的。不论你的个性如何，只要你愿意，只要你努力，你都可以积极有效地管理你的脾气。无论如何，有一件事情你必须明白，那就是骄者必败。每个人都应该保持谦虚的作风，戒骄戒躁，因为谦卑能使人的心灵得到升华，得到充实，而骄傲却只能使人的心灵低下且无知。

人生最可怕的，不是失去什么，也不是生老病死，而是骄傲。失去什么是我们无法挽回的，而生老病死是自然规律，不是人为可以改变的。人的心态是可以改变的，看看我们的周围，有多少天资聪慧的人都是败在了骄傲上。

指责他人不如检讨自己

有的人只相信自己，不相信别人，让人避而远之；有的人总喜欢严厉地责备他人，使对方产生怨恨，不觉中使彼此的沟通难以进行，事情也办得一团糟。其实，只有不够聪明的人才批评、指责和抱怨别人。

检讨一下自己，我们是不是也有这种喜欢责备别人的毛病？布置下去的一件工作没有做好，我们很可能不是积极地去与下属寻找原因，研究对策，而是指责下属："你怎么搞的？怎么这么笨？"这时，你有没有想过下属会有什么反应？他可能什么也不说，但在内心却会觉得你不近人情，从而怨恨你。这样，在今后与他相处时，你很可能总感到疙疙瘩瘩，这样要想顺利完成工作任务就不是顺利的事情了。

有这样一个故事：一天丈夫回到家，发现屋里乱七八糟，到处是乱扔的玩具和衣服，厨房里堆满碗碟，桌上都是灰尘……他觉得很奇怪，就问妻子："发生什么事了？"妻子回答："平日你一回到家，就皱着眉头对我说'一整天你都干什么了'，所以今天我就什么都没做。"好指责他人实在不是一种好习惯，会伤害别人也会伤害你自己，别人不舒服你自己也不会舒服。

有一个比较极端的例子，《三国演义》里，张飞闻知关羽被东吴所害，下令军中，限三日内置办白旗白甲，三军挂孝伐吴。次日，帐下两员末将范疆、张达报告张飞，三日内办妥白旗白甲有困难，须宽限几日方可。张飞大怒，让武士将二人绑在树上，各鞭五十，打得二人满口出血。鞭毕，张飞手指二人："到时一定要做完，不然，就杀你二人示众。"范疆、张达受此刑责，心生仇恨，便于当夜趁张飞大醉在床，以短刀刺入张飞腹中。张飞大叫一声就没命了，时年仅五十五岁。

不过，并非人人都像张飞那样，还有一件这样的事情。1863年7月，盖茨堡战役展开。敌方陷入了绝境，林肯下令给米地将军，要他立刻出击敌军。但米地将军迟疑不决，用尽了各种借口，拒绝出击。结果敌军轻易逃跑了。林肯勃然大怒，他坐下来给米地将军写了一封信，表达了他的极端不满。但出乎意料的是，这封信林肯并没有寄出去。在他死后，人们才在一堆文件中发现了这封信。也许林肯设身处地的想了米地将军当时为什么没有执行命令，也许他想到了米地将军见到信后可能产生的反应，米地可能会与林肯辩论，也可能会在气愤之下离开军队。木已成舟，把信寄出，除了使自己一时痛快以外，还有什么作用呢？

不要指责他人，并不是说放弃必要的批评。这里的原则是要抱着尊重他人的态度，以对方能够接受的方式来批评。

有一家工厂的老板，这天巡视厂区，看到有几个工人在库房吸烟，而库房是禁止吸烟的。他没有马上怒气冲冲地对工人说："你们难道不识字吗？没有看见禁止吸烟的牌子吗？"而是稍停了一下，掏出自己的烟盒，拿出烟给工人们，并说道："请尝尝我的烟，不过，如果你们能到屋子外去抽的话，我会非常感谢的。"工人们不好意思地掐灭了手中的烟。

在许多情况下，我们喜欢责备他人，常常是为了表现自己的高明。有时，也有推卸责任的目的。古人讲"但责己，不责人"，就是要我们谦虚一些，严格要求自己一些，这对自己只有好处，绝无坏处。

在你想责备别人这不是那不是时，请马上闭紧自己的嘴，对自己说："看，坏毛病又来了！"这样，你就可以逐渐改掉喜欢责备人的坏习惯。

❧ 人生感悟 ❧

尖锐的批评和攻击，所得的效果都是零。批评就像家鸽，最后总是飞回家里。当你想指责或纠正他人时，他们会为自己辩解，甚至反过来攻击你。

成功的经验告诉我们：学会宽容和尊重，才能更好地与人相处。

生气有害而无益

有一个青年，各方面都不错，只是特别喜欢为一些琐碎的小事生气。别人还不知道是怎么回事，他却生气了。他也知道自己这样不好，但就是改不了，于是他便去求一位高僧为自己谈禅说道，解决自己的烦恼问题。

高僧听了他的讲述后，一言不发地把他领到一座禅房中，让他坐在里面，自己突然落锁而去。

青年气得跳脚大骂。骂得口干舌燥，高僧也不理会。这时候，青年又开始哀求，但高僧仍然不理会他。青年无奈，终于沉默了。听到没有声音了，高僧来到门外，问他："小伙子，你还在生气吗？"

青年说："我只为我自己生气，我怎么会到这地方来受这份罪，还不如不来找你呢。"

"连自己都不原谅的人怎么能心如止水呢？看来你还没有静下来啊！"高僧说完，拂袖而去。

过了一会儿，高僧又问他："现在还生气吗？"

"我不生气了，生气也没有什么办法。"青年说。

"如此看来，你的气并未消逝，还是埋在心里，爆发后将会更加剧烈，还不行。"高僧又离开了。

当高僧第三次来到门前的时候，青年告诉他："我已经不生气了，因为根本不值得生气。"

"你现在还知道值不值得，这说明你心中还在衡量着，还是有气。"高僧笑道。

当夕阳即将西下的时候，青年问高僧："大师，到底什么是气啊？你告诉我吧。"于是，高僧将手中的茶水倾洒于地。青年思索良久，突然顿悟。立即叩谢而去。

什么是气呢？气，便是别人吐出而你却接到口里的那种东西，你吞下便会反胃，你不看它时，它便会自然地消散了。换句话说，气就是用别人的过错来惩罚自己的愚蠢行为。

生命的长度是上帝给予的，我们无法把握，但生命的宽度却掌握在我们自己的手中。我们虽然不能控制生命的长度，但完全可以掌握生命的宽度。因为我们可以在工作中、生活中，更好地与人沟通，与人为善，使人际关系更圆满，也使生命过得更充实、更有意义、更精彩。

凡事勿草率，三思而后行

从前，一个人养了一只猫和一只狗。

狗是勤快的。每天，当主人外出不在家时，狗便精神起来，竖起两只耳朵在主人家的周围巡视，无论哪里发生了一点动静，狗也要狂吠着疾奔过去，从来不敢懈怠自己的工作，兢兢业业地为主人家做着看家护院的工作。

但当主人家有人时，它的精神便稍稍放松了，有时还会睡一会儿。这样，在家里的每一个人眼里，这只狗都是懒惰的，而且工作不积极，所以并不奖赏它好吃的，也没有人重视它。

猫是懒惰的。每当主人外出时，它就伏地大睡，而且睡得非常香，即便是三五成群的耗子在它的身边经过，它也懒得去做工作。睡好了，就到处散散步，活动活动身子骨，这儿瞅瞅那儿望望，有时不免叫几声，做做样子。当主人在时，它时不时对主人舔舔脚、逗逗趣。这样在主人的眼中，猫无疑是一只极勤快、极可爱的宝贝，好吃的自然都给了它，所有的赞赏也都是为它而准备的。

由于猫一直在做面子工程，所以主人家的耗子越来越多。终于有一天值钱的家当被咬坏了，主人非常生气。为了找出真正的原因，他召集家人说："你们看看，家里的耗子都猖狂到了这种地步，我们必须采取措施了。首先，我认为一个重要的原因就是那只狗不帮猫捉几只耗子，才造成今天的恶果。所以，现在我郑重宣布，将狗赶出家门，再养一只猫来消灭家里的耗子。"由于狗平日里也没有好人缘，所以家人纷纷附和说：这只狗是够懒的，每天除了睡觉，什么也不做，而猫的勤快是有目共睹的。应该将狗赶走，留着它也没有用，再养一只猫。

于是，在众人的一致驱赶下，狗一步三回头地被赶出了家门。狗是可怜的，也是无辜的，而且自始至终，它也不愿离开家门。在它的脑海里始终浮现着那只肥猫在它身后窃窃地、轻蔑地笑着的场景。

后来，主人果然又养了一只猫，两只猫越来越肥，耗子也越来越多。而且，主人家中被盗了多次，到了这个时候主人才开始怀念起了被赶走的狗，但为时已晚。

有时候，勤奋工作、尽职尽责，却不被人欣赏，甚至被排挤；而好吃懒做、甜言蜜语，喜好做面子工程，却被人欣赏，甚至被领导提拔，这样的事时有发生。但有一点是肯定的，光做面子工程的人迟早会有后悔的一天。

还有这样一个故事，很久以前，有一个聪明的人，他以卖忠告为职业。有一天，一个小有成就的商人专程到他那里去买忠告。那个人问商人，你想要什么价格的忠告呢？因为忠告在他那里是有不同价格的。商人想了一下递给聪明人一元钱说："我买一个一元钱的忠告吧。"

聪明人说："朋友，如果有人请你吃饭，而你又不知道要上几道菜，那么，第一道菜上来以后，你就吃个饱。"

商人觉得这个忠告没有什么大的意义，于是又付了两元钱，说要再买一个忠告。

聪明人说："当你生气的时候，在事情还没有考虑成熟的时候，就不要蛮干；如果还不了解事实的真相，那么你就不要动怒。"

商人感到，这样下去会弄得身无分文，还是就此收手为好。于是决定不买任何忠告了。虽然他觉得刚才买来的忠告没有什么大意义，但他还是把这些忠告一一铭刻在心。

为了出外谋生，商人把怀孕的妻子留在家中，自己到外地去经商。这一去就是二十年。妻子一直没有得到丈夫的消息，以为他永远也不回来了，感到万分悲痛。她把自己所有的爱都倾注在儿子身上。

经过多年的拼搏，商人已经取得了相当的成就，拍卖完了全部商品后，他准备衣锦还乡。他直接来到自己的家门口，当时已经是黄昏。

这时候，儿子回来了，妈妈亲切地问道："亲爱的，告诉我，你去哪儿啦？"

商人听到自己的妻子这么亲昵地对那个年轻人说话，不由心里产生了一种难以名状的恶念，恨不得马上杀了他俩。但就在这个时候，他突然想起用两元钱买的那个忠告，于是，他强压住了怒火。

天黑了，屋里两人在桌旁坐下用餐。母亲哭泣着对儿子说："唉！儿呀。听说，有一条船刚刚从你爸爸去的那个地方来。明天早上，你就去打听一下，或许能知道你爸爸的消息。"

听到这番话，商人不由想起了往事。他离家的时候，妻子已经怀孕了，那个年轻人就是自己的儿子啊。想到这里，他非常高兴，更觉得买的那个两元钱的忠告实在有用，即使钱再多也是值得的。

生活中有很多不如意，本以为美满幸福，结果却令自己痛苦不堪，但在此时千万不可做出匆忙而草率的决定，要做到凡事三思而后行。如此，才会减少错误的出现，做出正确的判断和抉择。

谦卑待人才会得到尊重

谦虚谨慎是做人的必备品格，只有具备这种品格的人，在待人接物时才会温和有礼、平易近人、尊重他人，并且善于倾听别人的意见和建议。当自己遇到不理解的事情时，则能虚心求教他人，取长补短。谦卑的人能够充分地认识自己的优点和不足，在成绩面前不居功自傲；在缺点和错误面前也不文过饰非，不回避问题，而是采取积极主动的措施进行改正。

谦虚谨慎的品格能够使你看到自己与他人的差距，发现自己的不足。只有具备永不自满的精神，才能不断地前进，并且能够冷静地倾听他人的意见和批评，谨慎从事。一个人如果骄傲自大，满足于现状，主观武断地对待遇到的人和事，那么轻者会使工作受到影响，重者则会使你所从事的工作半途而废。

需要注意的是，不论你从事何种职业，担任什么样的职务，只有谦虚谨慎，才能保持不断进取的精神，才能增长更多的知识和才干，才能取得更大的进步和成绩。

大多数情况下，具有谦虚谨慎品格的人都是比较实际的，他们不喜欢装模作样，更不会因为自己的成就和地位摆架子或盛气凌人，而是能够虚心向他人学习，了解他人的情况。

美国第三届总统托马斯·杰斐逊曾经说过："每个人都是你的老师。"杰斐逊出身于贵族家庭，父亲曾经是军中的上将，母亲是名门之后。在当时的社会风气下，贵族除了发号施令以外，基本上不与平民百姓交往，原因很简单，他们看不起普通的平民百姓。杰斐逊却是传统社会的"叛逆"，他没有秉承贵族阶层的恶习，而是主动与各阶层人士交往。他的朋友中不仅有上层的社会名流，还有更多的普通园丁、仆人、农民甚至是贫穷的工人。他向各种人学习，发现每个人都有自己的长处，并且学到了许多经验。有一次，他在与法国人拉法叶特谈话时说：你必须像我一样到普通的民众家去走一走，看一看他们的菜碗，并且亲自尝一尝他们吃的面包。如果你这样做了，那么你就会了解到民众为什么不满了，并会深刻理解正在酝酿的法国革命的意义了。由于他作风扎实，深入实际，在做总统的时候，根据群众的需要制定了许多切实可行的政策。这样，他就在密切群众关系的基础上采取措施，取得了不小的成就。

有了谦虚谨慎的品格，会使一个人在面对成功、荣誉时不骄傲，不会陷在荣誉和成功的喜悦中不知所措，沾沾自喜于一己之功，不再进取，而是把它视为一种激励自己继续前进的力量。居里夫人在这方面做出了杰出的榜样，她以自己谦虚谨慎的品格和卓越的成就获得了世人的称赞。而她对荣誉的独到见解和分析，使很多喜欢居功自傲、浅尝辄止的人汗颜不已。正是在她高尚品格的影响下，她的女儿和女婿也踏上了科学研究之路，并且也获得了诺贝尔奖，居里之家成为令人敬仰的两代人三次获诺贝尔奖的家庭。

美国南北战争时，北军将领格兰特与南军李将军率部交锋，经过一番空前激烈的血战后，南军一败涂地，战局以北方的彻底胜利而告终，李将军则被送到爱浦麦特城去受审。

在一般人看来，格兰特将军立了大功后，就会骄奢放肆、目中无人。但是，格兰特没有，因为他是一个胸襟开阔、头脑清晰、做事情有理智的人。

当别人问他对战争看法的时候，他很谦恭地说："李将军是一位值得我们敬佩的人物。他虽然战败了，但态度仍旧镇定异常。像我这种矮个子，与他那六尺高的身材比起来，真有些相形见绌。尽管战败了，但他仍是穿着全新的、完整的军服，腰间佩着奖赐他的名贵宝剑。而我只穿着普通士兵穿的服装，比较起来寒酸多了。"

格兰特将军这一番谦虚的话在别人听来，远比数次的自吹自擂好得多。

实际上，只有那些对自己的成就没有自信的人，才爱在人家面前吹嘘，以掩饰那些不足的地方。而一个真正成功的人，无论在什么样的情况下，都不会自我吹嘘和自我炫耀，因为他的成绩和成功，别人会比他看得更清楚，而且会记在心上。

格兰特将军的自谦，固然值得赞美，而李将军能够以败将的身份，昂首挺胸、衣冠整齐来签字，虽然战败，却仍能坦然承受，这正是他勇敢坚毅性格的表现，也是值得称赞的品格。他能够这样做，显示了他的自信和刚强，他把失败当作一种经验，而非一种耻辱，如果能再给他一次机会，胜利也许是属于他的。

当格兰特将军在赞美李将军的态度的时候，并没有轻视他的战绩。他把自己的成功和李将军的失败，都归为偶然的机遇。他这样说："这次胜负是由极凑巧的环境所决定的，由于李将军的军队在弗吉尼亚，那里天天遇到阴雨天气，这就迫使他们在泥淖中作战。相反我们军队就幸运多了，所到之处几乎每天都是好天气，行军更是非常的方便。"

格兰特将军把一场决定最后命运的大胜利，归功于天气和命运，实在让人有些匪夷所思，然而这正显示了他有充分的自知之明，保持着清醒的头脑，没有被名利的欲念所淹没。

曾经有人说："越是不喜欢接受别人赞誉的人，越是表示他知道自己的成功是微不足道的。"如果你常常因为一点小成绩而得意忘形，接受别人的称赞，把它当作一桩十分了不得的事情，那么你就是在欺骗自己，对自己没有任何的益处。而你也会从此走上失败之路，原因很简单，你已经失去了自知之明，盲人骑着瞎马乱闯，结果就可想而知了。

　　一个人要想活得充实、幸福，一定要把谦虚谨慎当作人生的第一美德来刻苦培养，使之成为一种习惯。做到了这一点，你的人生才会丰富多彩，才会找到快乐的感觉。

人要有一颗善良的心

　　一位老妇人到一家餐馆里去吃午餐，当她端着一碗汤走到餐桌前落座后，才发现自己买的面包忘记拿了。

　　于是，她起身去取面包，当她回来的时候，看到一位黑皮肤的男人正坐在她的餐桌前喝着自己刚买的那碗汤。老妇人气急败坏地冲到黑皮肤男子面前，刚要发火，男人却向她微微一笑。老妇人僵在那里想："算了吧，或许他太饿了，没有钱吃饭，还是一声不吭算了，不过，也不能让他一人把汤全喝了。"

　　想到这里，老妇人大大方方地坐在男人的对面，拿起汤匙，不声不响地喝起了汤。就这样，老妇人与男人双方均一语未发，默默地你一口，我一口地喝完了那碗汤。

　　然后，男人又招来侍者，点了大盘面条并且吩咐侍者拿两副刀叉。一会儿，一盘热气腾腾的面条上了桌，两个人依然无语，默默地吃着。老妇人想："他可能在向我赔罪，算了，接受吧！"

　　吃完后，两人双双起身准备离去。老妇人友好地对男人说："再见"。男人同样用热情的口吻向老妇人道别。他显得特别愉快和欣慰，因为，他认为自己做了一件好事，帮助了一位穷困潦倒的老妇人。

　　当男人离开小餐馆后，老妇人才发现，旁边的一张饭桌上，放着一碗无人喝的汤，原来是她坐错了位子，还抢喝了别人的汤、吃了他人的面。想到这里，老妇人十分内疚，不由地对黑皮肤男人的善良产生了一种敬佩之情。

善良是为人处事的一种能力，它能够洞察人心的善恶，能够磨灭心灵深处罪恶的念头。善良还是一种胸怀，善良的人，自然拥有一颗温暖的心，待人接物时心平气和、宽宏大量、与人为善。善良不等于混淆黑白、忠奸不辨、是非不分；也不是纵容坏人办坏事，无原则性地宽容；更不是懦弱的表现，而是一种洞察世事的智慧。善良，不但能，还可以让人的生活空间更宽广，万物更明丽，人生更丰盈。

不要丢失了感恩之心

任何人的成功都离不开自己的努力。实际上，还有一个不容忽视的事实是，他们都受到过别人许多的帮助。一旦你选择了明确的目标，付诸行动之后，你就会在不经意间发现许多人给予了你意料之外的协助。因此，你必须感谢这些帮助过你、支持过你、鼓励过你的人，同时也要感谢苍天对你的眷顾。

心怀"感恩"是一种深刻的情感蕴积，它能够增强个人魅力，开启你神奇的幸福之门，发掘出无穷的智慧源泉。感恩是一种生存态度和良好习惯，你必须真诚地感激别人，感激一切美好的事物，而不只是虚情假意。

感恩和慈悲有异曲同工之妙。时常怀有感恩的心，你会变得更谦和、可敬、和蔼可亲。

世间所有的事情都是相对的，不论你遭遇多么恶劣的情况，多么大的困难，它们都有可能变得更糟。所以你要感到庆幸，因为你所经受的磨难还很少。每天都用一点点的时间，为你的所得而感激，为你的幸运而感恩。

生活中的虔敬之辞应该经常挂在你的嘴边，千万不要吝啬。以特别的方式表达你的感谢之意，付出你的时间和心力，这比物质的礼物更可贵、更持久。

花一点时间和精力，把你的创意发挥在感谢别人上。例如，你是否曾经想过写一张字条给你的领导，告诉他你的工作进展，感谢工作中获得的点点滴滴。有了这种独具一格的感谢方式，领导肯定会注意到你。感恩是相互的，也是会传染的，领导也会以同样具体的方式传达他的谢意，感谢你所提供的服务工作。

生活处处存在感激，不要忽略了你周围的人：你的丈夫或妻子、亲人、朋友及工作的伙伴。他们或多或少地理解你、支持过你，勇敢地说出你的感谢。他们会很感激你对他们的信任，经常如此，还可以增强亲情、友情与家庭的凝聚力。

有这样一个故事。一只小老鼠不小心掉进了一只装满水的大木桶里，无论它怎么挣扎都是徒劳，根本爬不出去。老鼠"吱吱"地发出凄惨的哀鸣，可是却没有谁能听见。可怜的老鼠心想："也许这就是我的宿命，这只桶应该就是我的坟墓。"正在它绝望时，一只大象从桶边经过，听到了小老鼠的呼救声，于是就用鼻子把它救了出来。

小老鼠对大象说："谢谢你的救命之恩，我希望能报答你。"

"你认为你怎样才能报答我呢？你不过是一只弱小的小老鼠。"大象不屑地说。

没过多久，一天晚上，大象在丛林中不幸被猎人捕获。猎人用绳子把大象捆了起来，准备天亮后运走。大象痛苦地躺在地上，无论它怎样挣扎也无法扯断绳子。

这时，小老鼠出现在大象面前。它开始用力地咬绳子，终于在天亮前咬断了绳子，大象在小老鼠的帮助下获得了自由。

小老鼠对大象说："我已经偿还了你的救命之恩，我的诺言也履行了。"

现实生活中，每个人都在与他人交往，相互帮助是自然的，如果你只知道一味地索取而忽略了付出，换句话说，就是知恩不报，那么总有一天会被周围的人抛弃。

🌿 人生感悟 🌿

无论遇到什么样的情况，永远都会有些事情需要感谢。感恩不花一分钱，却是一项具有无穷魅力的投资，它会充实你的人生，成就你的未来。

人格和尊严是你成长的脊梁

杰克的母亲在他10岁那年不幸去世了，幼小的他便遭受了这突如其来的打击。后来，继母来到他家。那一年，杰克12岁了，虽然还小，但他还是不情愿接受这一事实。

继母刚来到他家的时候，杰克并不喜欢她，大概有两年的时间都没有叫她"妈"，为此，父亲经常骂他。越是这样，杰克在情感中越是有一种很强烈的抵触情绪，他无法接受所面对的现实。然而，杰克第一次喊继母"妈"，是在他第一次也是唯一一次挨她打的时候，这给他留下了深刻的、不可磨灭的印象。

一天中午，杰克偷摘了别人院子里的葡萄，恰好被主人给逮住了。主人特别的凶，在平日里，杰克就特别畏惧他。现在又在他的跟前犯了错，心里更害怕，吓得浑身哆嗦。

主人并没有动怒，只是说："现在我也不打你不骂你，但是你必须给我跪在这里，一直跪到你父母来领人，否则，我就打你。"

听说要自己跪下，杰克心里确实很不情愿，也感觉很难堪。主人见他没反应，便大吼一声："给我马上跪下！"

正是在对方的威慑下，杰克很无奈，战战兢兢地跪了下来。这一幕，恰巧被他的继母给撞见了。她什么也没说，立刻冲上前，一把将杰克提了起来，然后，对着对方大叫道："你太过分了，你怎能对一个孩子这样呢？"

在别人眼里，杰克的继母是一个没有多少言语、性格内向的人，突然如此震怒，让对方也不知所措。杰克也十分意外，这是他第一次看到继母性情中另外的一面。

看来这回继母真的生气了，她把杰克带回家后，用枝条狠狠地抽打了杰克两下，边打边说："我打你并不是因为你偷摘葡萄，哪有小孩不淘气的，这是正常的现象；但是，别人让你跪下，你就真的跪下？这样你就会失去人格，失去尊严，等长大以后怎么成事？你永远都站不起来。"继母说到这里，突然失声抽泣起来。当时杰克尽管只有14岁，但继母的话在他的心灵深处还是引起了强烈的震撼。他情不自禁地抱住了继母的臂膀，哭喊道："妈，我以后不这样了，我会改掉的。"继母抚摸着杰克的头，说："孩子，无论遇到什么样的事情，都要站起来。"

继母与杰克的故事也许能给成长中的我们一个启示：一个失去人格和尊严的人，可能会失去所有美好的事物。

一个人，可以犯错误，但是不能丧失尊严。只有捍卫了自己的尊严，信念才不会缺失，人生才不会失去方向，才能够克服前进道路上的重重困难，获得人生的快乐和幸福。

过去的事就让它过去

生活中经常出现令人后悔的事情，这是无法避免的。比如，许多事情发生了后悔，不发生也后悔；许多人遇到要后悔，错过了更后悔；许多话说与不说都后悔……人的遗憾与后悔情绪仿佛从来就没有离开过我们的周围，正像苦难伴随生命的始终一样，遗憾与悔恨也与生命同在，这是每个人都无法逾越的心灵之河。

人生一世，就像花开花落一样，谁都想让此生了无遗憾，谁都想让自己所做的每一件事都永远正确，顺利达到自己预期的人生彼岸。但这只能是人的一种美好向往而已。在漫长而又短暂的人生旅程中，人不可能不做错事，更不可能不走弯路，因为人无完人。做了错事，走了弯路之后，有后悔情绪是正常人的一种本能心理反应。这是一种自我反省，是自我解剖与抛弃的前奏曲，是自我升华的必经之路，正因为有了这种"积极的后悔"情绪，你的人生之路才会走得更好、更稳、更广阔。

另一方面，如果你纠缠住后悔不放，或羞愧万分，从此一蹶不振，失去生活的希望，那么你的这种做法就是愚蠢之举了，以后的路将越走越困难，越走越窄。

古希腊诗人荷马说过："过去的事已经过去，过去的事无法挽回。"是的，昨日的景色再美，也无法拿到今日的画册中。所以，你所要做的就是好好把握现在，珍惜此时此刻的拥有，不要把美好的时光浪费在悔恨和失去的伤感中。

覆水不可收，往事不可追，后悔徒劳无益。

有一位很有名气的成功专家，一次给学生上课时，拿出一只十分精美的咖啡杯，这只杯子太美了，学生们对它赞不绝口。而此时，专家故意装出失手的样子，咖啡杯掉在了地上，摔成碎片，这时许多学生连续地发出了惋惜声，为那只精美的杯子痛惜。专家看了看学生，说："你们不必为这只打碎的杯子惋惜，不管怎样，我们也无法使咖啡杯再恢复原形了。这就好似我们的人生，在生活中如果发生无可挽回的事时，请记住这破碎的咖啡杯，不要为失去的而伤心和落泪。"

破碎的咖啡杯使我们懂得了：过去的已经过去，不要为打翻的牛奶而哭泣！生活不可能重复过去的岁月，时光也不会倒流。光阴如箭，人生还有许多事情在等待着我们去做，来不及后悔。从过去的错误中吸取教训，在以后的生活中不要重蹈覆辙，这才是做人的要旨所在，要知道"往者不可谏，来者犹可追"。

❋ 人生感悟 ❋

不要为失去而后悔。后悔也不能改变现实，只会消磨你的意志，给未来的生活罩上一层阴影。如果我们得不到希望的东西，最好不要让忧虑和悔恨来苦恼我们的生活。失去的就让它永远过去吧。

信用是无形的资本

信用既是无形的力量，也是无形的财富。一个讲信用的人，自然会受到亲戚、朋友的支持和帮助，遇到困难，众人自然会为他效力。

"敦厚之人，始可托大事"，一个不够诚实、不讲信誉的人是不会拥有真正朋友的，这样的人如果想要取得事业上的成功也是相当困难的。所以，失信于人其实是一件很愚蠢的事，最终受害的还是自己。为此，你必须时刻提醒自己，要爱惜自己的信誉，并时刻建立自己的信用指数。

约翰是一名商人，他是个十分聪明的人，并且也十分重视自己的信用。

约翰向一家银行借了50美元，他并不急需用钱。他对朋友说："我之所以借钱，是为了树立我的声誉，存储我的信用。其实我根本就没有动过这笔借款，当借期一到，我便立即将这些钱还给了银行。后来我又按照这样的方法做了几次，我便得到了这家银行的信任，银行借给我的数目也渐渐大了起来。最后一次借款的数额是3000美元，这笔钱对我来说非常重要，我用它去发展自己的业务，取得了很大的成绩。"

约翰继续说道："后来，我的企业需要一笔投资，起码要2万美元，而我手上总共才不过1万美元。在这种情况下，我再次到那家银行，又找到了每次借钱给我的那个职员，当我将计划原原本本地告诉他以后，他爽快地答应了，表示愿意借给我1万美元。在我与银行的经理洽谈后，这位经理同意如数借给我1万美元，还说：'我虽然对约翰先生不太熟悉，但我注意到多少年以来约翰先生一直向我们借款，并且每次都准时还清，非常地讲信用。'"

要获得众人的信任，铸就自己的信誉，笃诚、守信及勤劳是最根本的要诀，这些在什么情况下都不过时。

一个人如果对自己许下的诺言负责任，那么他就会得到别人的认可和尊重。经常实现你的承诺会使你在困难的时候得到真正的帮助，会使你在孤独的时候得到友情的温暖。原因很简单，因为你信守诺言，你诚实可靠的形象是你最好的推销员，有了这些，你便会在生意上、婚姻上、家庭上获得成功。

这并不是空话，现实中有许多事实可以说明这一点。国内外知名度很高的企业无不把信誉放到第一位，就是看到了守信用的重要性。

相反地，总有一些人喜欢吹嘘自己，随随便便地向别人开"空头支票"，到头来又无法兑现，这样的人与成功是不可能有缘的。

曾有过这样一个小品：一位先生本来在火车站没有熟人，硬是吹嘘自己，对别人说在火车票售出后依然能买到车票，结果有很多朋友、同事请他帮助买火车票。而他又是有求必应，爽快地答应了别人，由于自己是在打肿脸充胖子，只好半夜三更去排队买票。一次、两次可以，但托他买票的人越来越多，自己无法招架。最后的结果只能是失去了信誉，得罪了人。

人的能力是有限的，感觉自己做不到时，最好不要轻率地向别人许诺。这样并不代表你无能，相反还会有许多好处：向你提出要求的人只能表示遗憾，并不会认为你说话不算数，从而也不会对你产生不信任感。更何况，事情和形势的变化是非常快的，你做不到但没有许诺，事后你也不会感到愧疚。

另外，一旦你已经许诺了，就应该认真对待，努力地去实现它，尽量不要让对方感到失望。比如"我今晚8点钟回家"。在你完全可以做到的情况下也决不要掉以轻心，你已许诺8点钟回家，假如这时你的朋友邀你出去吃饭，时间可能要过了8点，你该怎样做呢？如果不是非常特别的邀请，最好婉言谢绝朋友的好意相邀，按时回家实现自己的诺言，尽管这是一件小事，但也不可小视。

世事难料，如果做不到你曾许诺过的事就应该及时地通知对方，说明自己的理由并表示真诚的歉意，这样你就会得到别人的谅解，同时也可避免失去信用。

❀ 人生感悟 ❀

失信于人，说话不算数，许诺不兑现，也就意味着你丢失了为人的起码品质，在别人眼中你就会失掉为人的信誉。失信是一种只顾眼前不顾将来、只顾短暂不顾长远的愚蠢行为。

没有必要与错误较真

孔子在周游列国途中，遇到这样一件事：

有一天，他发现两个樵夫在指手画脚地争论着什么事情。二人似乎已经争论许久，双方都已经面红耳赤，唾沫横飞，但依然没有要停下来的趋势。

出于好奇心，孔子便上前询问他们争论的原因，原来是为了一道算术题。一个樵夫说三七等于二十一，另一个说等于二十，而且双方都各持己见，振振有词。

最后，二人打赌请一个圣贤做裁定，败的那一方要将一天砍的柴给胜利的那一方。

这时，孔子便成了为他们解答"难题"的关键人物。

可是，孔子的回答令人大为不解，他竟然叫认为三七等于二十一的樵夫将辛苦砍来的柴交给说三七等于二十的樵夫。"胜利"的那个樵夫高兴地背着柴走了。败的那个樵夫气愤地说："三七明明等于二十一，这样简单的算术题连小孩子都懂得，你是圣人却会出现这样的差错。"

孔子笑道："你说的没错，三七确实等于二十一，这是连小孩子都懂的真理，既然你已经知道了自己的想法是真理，何必与一个根本就不值得认真对待的人讨论这种不用讨论也非常明显的问题呢？"

输掉柴的樵夫似乎领悟到了什么。孔子继续说道："那个人虽然得到了你的柴，但他却得到了一生的糊涂。你虽失去了柴，但得到了深刻的教训。"樵夫点点头回家了。

生活中，有些人在处理事情时，总显得过于死板。在他们的眼中万事只存在对与错，一切事物都应该有一个标准答案，就像小学生考试一样，从客观上评定优劣。他们认为这样做就是在捍卫自己的信念与原则，殊不知，这样的行为是非常愚蠢的。

❀ 人生感悟 ❀

处事时要懂得难得糊涂的真正含义。很多时候，在处理事情时不妨睁一只眼闭一只眼，只要不伤大雅就让它过去。一个人如果能做到这些，那么他的修养、他的度量就会高于普通人。

能忍，很多事情都会过去

成长的过程总有困难，青年人若能在生活中做到忍无端争执，求彼此相安，并形成一种良好的习惯，那么在成功的道路上将减少很多烦恼。

唐朝时，有位大臣叫子弘，他不仅有渊博的学识而且气度不凡，皇帝非常欣赏他，并且屡次重用他。能够受到皇帝的宠幸是许多人的梦想，而且一旦有了皇帝的支持，有的人便飞扬跋扈起来。但子弘依然车服卑俭，为人忠厚谦让。正因为他的这种性格，不但在官场上交际得心应手，而且家庭也十分和睦。家中曾经发生的一件事，更能充分说明他的为人之道。

子弘的弟弟子丑，倚仗他的权势，为人凶悍，经常酗酒闹事。有一次子丑喝醉了酒，将子弘的马给射杀了。子弘的妻子知道后，很不高兴，等他回到家就抱怨说："叔叔酒醉后耍酒疯，将马射死了，你说怎么办？"

子弘听了，看了看妻子，什么也没说，吩咐家人将死马卖了。子弘的妻子很生气，一直唠叨个不停。这时子弘平静地说道："我已清楚了。"他一点也没显出不满的情绪，脸色温和，手拿书卷，继续去书房读书。

他的妻子见丈夫如此大度，感到很过意不去，从此不再提子丑杀马的事情了。而子丑也感觉对不起哥哥，再也没犯过类似的错误。

《易经》上说："同一家之中，丈夫应该像个丈夫，妻子应当像个妻子，这样才能治家。"子弘妻子能忍受丈夫的大度，而子弘又能宽容弟弟的粗鲁行为，都可谓具有忍的度量。由于家里的人都能忍，才带来了家中上下和睦、亲密无间的局面，正如俗话所说："忍一时风平浪静"。

能够忍的人，必定是个胸怀宽广的人，做人要想做到更高的境界，就必须有宽大的胸襟，成为有海量的忍者，这样人心自会归服于你，你的事业也定会有成功之日。

魏国公韩琦就是一个很有度量的人，他生性浑厚纯朴，行事向来光明磊落，从来都不暗中伤人。

韩琦的功劳有目共睹，在大臣中地位也最高，但从未见过他为此骄傲待人或者忍不下别人的过错。尽管身份高，但他上朝之后依然站着与其他官员说话，回家以后休息时与家里的仆人谈话，都是出于真心。他的一个下属，跟随韩琦几十年，记下了韩琦的言行，反复对照，发现他说的与做的都十分吻合，没有不相应的地方。这充分体现了他宽广的心胸与不凡的气量。

当韩琦在镇守大名府时，有人送给他两只玉杯，说："这是耕田人在地里挖掘的，里外都没有瑕疵，是很好的宝玉啊。"韩琦非常珍惜它，用白金装饰后，玉杯显得更漂亮了。韩琦为有这对杯子而自豪，每逢开宴会招待客人时，都用绸绵盖上它，放在桌子上，让大家欣赏。

有一次，韩琦宴请一名重要的官吏，于是拿出那对玉杯装酒招待客人。当宴会要开始的时候，一位侍兵不小心，撞到了玉杯，两只玉杯掉到地上摔碎了。出了这样的事情，所有人都为侍兵捏了把汗，那位侍兵吓坏了，马上伏在地上等候惩罚。韩琦不仅没有发怒，而且笑着对客人说："天下的东西是坏还是不坏，都有其自己的命运，人是无法左右的。"接着对那个侍兵说："你并不是故意的，没有什么过错，起来吧！"客人们对他的宽容与气量赞叹不已。

❀ 人生感悟 ❀

能够忍让的人，事情一般都能够做得比较圆满，不会有太多的意外，至于别人是否正确，那并不是最重要的。有位名人曾经说过："谨慎而忠厚，不怕容忍坏事，又有什么妨碍呢！"能够宽容待人，忍一时风浪，迎来广阔天空，这是古人的经验，也是现代人需养成的必要品质之一。

做人不能没有礼貌

李刚的表哥第一次从澳门来内地，李刚开车去机场接他。一路上，李刚热情地和表哥聊家常，可表哥的态度却很冷淡，时不时地哼哈应两句，从不主动说话。李刚感到这样很无聊，也不再说话了，继续前行。

车子进了市区后，路上的行人和车辆多了起来。李刚驾着车不断地按喇叭在车水马龙中穿梭着，表哥不停地看他，并不时地皱皱眉头，但是没说什么，李刚也没在意，继续开车。

这时，前面有一个妇女正领着一个小孩准备过马路，李刚并没减速，而是猛地一加油门，从她们面前冲了过去，并得意地自言自语：小样儿，和机动车较劲！

表哥对李刚说："让她先过嘛，一个女人领个孩子，路又这么窄，万一剐上怎么办呢！"李刚听完一琢磨，表哥的话的确有道理，脸上不觉有些发热，尽管表哥没再说什么，但他心里多少有些不是滋味。

这时，表哥转过脸对李刚说："后面有个鸣笛的'120'，咱们先靠到边上去，让它先走。"原来表哥早就注意到后面这辆鸣笛的"120"了，李刚也没说话，向外一打轮让过救护车，透过"120"的车窗，李刚隐约看到一个医护人员手里举着吊瓶。

表哥前后看了看说："这附近有没有停车场？咱哥儿俩下车抽根烟，聊会儿天。"李刚不知他什么意思，正好前面的小广场有个停车场，李刚慢慢地把车滑到了停车处。

表哥掏出一盒烟，递给李刚一支，自己也点上一支，他摇下车窗向外吐了口烟，拍拍李刚的肩头说："老弟，驾龄几年了？"

"没多久，6年。"

"还可以，车技不错。"

李刚呵呵一笑："还凑合。"

二人抽着烟，不着边际地聊着，表哥跟李刚讲他在澳门的生活，然后又谈起这个城市的美丽。慢慢谈到了这个城市的交通，李刚说："路窄人多，常有交通事故。地方小，没办法。"而表哥却说："城小道窄，倒别有小家碧玉的风情。不过，路窄人心宽，这是我们那里的一句老话。"

"路窄人心宽？"李刚颇有所悟。

表哥接着说："不是吗？急促地按喇叭，飞快地超车，有时并不是为了赶时间，只是图个潇洒。如果放慢速度，不仅安全，还可以欣赏沿途风景，岂不是一举两得。开车也是一种文明和礼节。这么美丽的城市，如果没有了噪音、谩骂、交通事故……岂不更美？"

❀❀ 人生感悟 ❀❀

做人要有礼貌。路窄人心宽，多一些谦让，少一些争吵；多一些礼节，少一些谩骂；多一些关爱，少一些淡漠。这样，我们的社会就会变得更和谐，人与人之间的关系也就更融洽了。

每日都要抽点时间读书

高尔基说："书籍是人类进步的阶梯。"书籍是人类知识的载体，它记录了人类千百年来的每一点进步，通过阅读不同的书籍，掌握各个时期、各个方面的知识，这就是读书的真谛。一个没有书籍、杂志、报纸的家庭，是缺乏动力的，人们只有通过经常接触书本，才能对学习产生兴趣，才能在不知不觉中增长各种各样的知识，才能不与社会脱节，跟上时代发展的步伐。

耶鲁大学的校长海德雷说："在各界做事的人，无论是商业界、交通界还是实业界，都这样对我说，他们最需要的人才是大学学院培养的、能善于选择书本、能活用书本知识的青年。而这种善用书本、活用书本能力的最初培养，最好是在家庭中，尤其是在那些具备各类书籍的家庭中。"可见，一个家庭的藏书对于自己、对于孩子的未来都是十分重要的。

一位原来只是做补习班讲师的英文教师，后来成为一家著名英文杂志的发行人。他说他一共买了三套英文百科全书，一套缩写本随身携带、一套放在家里、一套放在工作岗位，随时阅读。他以随时随地提高自己为目的，也慢慢地把自己带上了成功之路。

聪明的学生在学生时代就养成了一种重要的能力，那就是怎样从一个汗牛充栋的图书馆中，辨别选择书籍，以供阅读。这种能力将对他的一生产生巨大影响，因为掌握了如何在图书馆里寻找自己需要的书籍、资料，就等于掌握了怎样学习的方法。"工欲善其事，必先利其器。"这就像是一个工人善于选择工具一样。

"人，若是能养成每天读10分钟书的习惯，20年后，必判若两人。"一位哈佛校长这样告诫他的学生。但是，读书不能不求甚解，对书籍的钻研是一个人从书本中获取新知识的重要途径。

南宋朱熹开创了中国儒学的一个新篇章，他大半生的时间都致力于学术研究和教育工作，成就斐然。

朱熹读书十分刻苦用心，与同龄的孩子仅满足于读书、识字、背诵相比，他却更倾向于用心去体会圣人所讲的道理。他常常为一句话所含的意义而食不甘味，夜不安寝。一旦他领悟了其中的道理，便又高兴得不能自禁。朱熹不仅读书刻苦，而且非常善于总结学习方法。他喜欢博览群书，但从不贪多贪快。他认为，读书不明其中道理，就算读得再多也没有用。早年他在读《周礼》时，听人说《周礼》的每一句话都仿佛从圣人心中自然流出，但当时并不理解。后经多年研读、揣摩，终于豁然开朗。他曾比喻说这就好像以前只听说糖是甜的，盐是咸的，今天亲自尝到了，才真正明白了何为糖甜、盐咸。他还形象地把读书比做射箭，刚刚练习时，只要射到箭靶上就行。但经反复训练，最终要射中靶心，否则也就不能说学会了射箭。朱熹认为，读书的目的在于弄懂书中的义理，尔后再按照这些义理去做。

朱熹在十七八岁时读《孟子》，到了20岁，只能逐句去理解。以后才明白，书中很多长段是首尾相连的，不能割断了它们的联系，只有把大段的文字综合起来理解，才能得到其中的真谛。

朱熹读书还十分讲究循序渐进的方法。他认为，读书都有一个由浅入深的过程，比如要先读《论语》，再读《孟子》；先读《论语》的"学而"篇，再读"为政"篇。读某一本书或某一篇时就要读到把它弄懂为止，再接着读下面的内容。这样，读到融会贯通的地步，就可以说把知识学到手了。

朱熹不仅爱读书，而且会读书。他早年兴趣广泛，禅、道、楚辞、诗、兵法样样涉猎。但后来，他又转向专攻儒家经典研究。这"一博""一专"，为朱熹的学术研究打下了坚实的基础。朱熹的读书经验值得后人认真学习。

现代社会，每个人都面临着不同的压力，属于自己的时间空间被压缩得很小。但时间是挤出来的，每天拿出10分钟的时间读书，应该不是什么难事。每天坚持做下去，你将会受益无穷。

培根曾有过"知识就是力量"的著名论断，他这样诠释了知识的重要性，"人类知识和人类的权力归于一点，任何人有了科学知识，才可能驾驭自然、改造自然，没有知识是不可能有所作为的。"

随着社会的发展，知识的作用愈加重要，特别是在知识经济来临的今天，一个人如果不继续学习就会被社会淘汰。可以肯定地说：知识不仅是力量，而且是最核心的力量。

一个人的能力是有限的，财富也是有价的，而知识无限又无价。知识不仅创造财富，它本身就是最大的财富。

李嘉诚曾经说过："在知识经济时代，如果你有资金，但是缺乏知识，没有新的讯息，无论何种行业，你越拼搏，失败的可能性越大；但是你有知识，没有资金的话，小小的付出都能够有所回报，并且很可能达到成功。现在跟数十年前相比，知识和资金在通往成功的路上所起的作用完全不同。知识不仅指课本内容，更包括社会经济、文明文化、时代精神等整体要素。"

在学校里你能够学习很多科学知识，但是由于书本知识与现实生活有一定的距离，现实感很强的学生就学不进去。而老师的视野里又常常有一个误区，似乎这些学生就不是好学生。其实我们都有一个体会：那些只会读书的学生不见得就有发展，相反，那些调皮捣蛋的学生往往有所作为。

在生活中，很多人离开了学校之后，才知道读书的用处，他们还有成功的机会。不幸的是有些人只是发出叹息，不付诸实际行动，这样的人才是一辈子没有希望了。

很多人在走出校门后，首先被谋生的问题所困扰，一天到晚疲于奔命，慢慢地就会放弃学习，而只有意志坚强的人才能坚持不忘自己的使命，他们知道掌握了一定知识之后，才有可能走向成功。

哲学家告诉我们：人"不可能"做的事，往往不是由于缺乏力量和金钱，而是由于缺乏想象和观念。

柏拉图在两千多年前就断言："知识是一切能力中最强的力量。"

高尔基则认为："只有知识才是力量。"

雨果在《悲惨世界》里提出："人类只应当受知识的统治。"

一位著名的博士曾指出："物质财富可以私有也可以公有，但同一物品只能供有限人使用，使用越多其价值越低；知识财富可以私有也可以公有，但知识使用的人越多，其价值越高。"然而知识作为商品的另一个突出特点是它具备独一无二性和不可取代性。

知识供方是垄断的，知识产权和知识保密使得知识成本十分昂贵。从这个意义上说，谁掌握了最新知识，谁就掌握了巨大的财富。因此掌握现代知识，并具创新和运用能力的人才是知识经济中的决定因素。财富再定义和利益再分配取决于拥有信息、知识的多少及创造力的高低。

美国前总统克林顿的首任劳工部长罗伯特·希赖在其著作《国家任务——迎接二十一世纪》中写道："我们正经历一场转变，这一转变将重组下一世纪的政治和经济。将会没有一国的产品或技术，没有一国的公司，没有一国的工业，至少将不再有我们通常所指的一国经济。存留于国家界限之内的一切，是组成国家的公民。每一个国家的重要财富将是其公民的技能。"

知识经济时代，是彻底的"以人为本"时代。高智慧的人将决定一个企业乃至一个产业的兴衰，企业的竞争将集中在人才上。"争天下者，必先争人"（《管子·霸言》）。反过来说"一个人的知识越多，就越有价值"。高知高酬、高智高位，势所必然。

这又从另一个方面突出了学习的极端重要性，正如国际经济合作组织在关于知识经济的报告中所指出的："在知识经济中，学习是极为重要的，可以决定个人、企业乃至国家的经济命运。"

人生感悟

古语说："万般皆下品，唯有读书高"，在今天，这句话仍不失其闪光点，因为学习知识是永不过时的真理。

读书破万卷，下笔如有神。每天抽出一点时间来读书，这看似很少的时间，却能为你今后的工作、生活带来精神上的收获。

第二章 头脑控制手脚 思想决定行动

一个人能够获得多大的成绩，关键取决于其思想的深度和广度。没有思想就没有思考，思考是打开智慧大门的钥匙，是穿破未知障碍的利箭，也是通向成功驿站的桥梁。人如果缺乏思考，就不会开启智慧之门，获取经验和知识，走向成功的彼岸。

带着热心去做自己喜欢的事

　　每个人每天都有许多事要做，但要遵循一条原则，那就是要做你最喜欢的事。很多人在寻找工作的时候并不清楚自己真正要做什么，很多情况下，都是做一些自己不喜欢或不得不做的事。

　　做自己喜欢做的事是一个人走向成熟的表现，当知道自己已经走错方向时，就要及时地转头，选择正确的方向前行，这样才会到达理想的目的地。如果明知错了还要继续走，那么最终的结果只能是失败。

　　要改变自己目前的生存状况，要让自己活得更有自信，要让自己做事更有成效，就必须做出更好的决定，向着自己喜欢的方向行动。一位名人说过："你一定要做自己喜欢做的事情，才会有所成就。"

　　当然，做自己喜欢做的事情，并不是那么容易的。事实上，大多数人都在做他们不喜欢的工作，却又必须逼着自己把不喜欢的事情做得更好。

　　在这种乏味的情况下，他们会经常失去动力，时常遇到事业的瓶颈，而没有相应的解决方案。他们不断地征求别人的意见，却还是照着一般的生活方式生活，凡事没有多大的进展，甚至是在原地徘徊。这些当然不是他们想要的，但是由于客观原因以及条件的制约，他们当中却很少有人试着去改变自己的状况。其实，要找出自己真正喜欢的工作，也不是一件复杂的事情，只需要把自己认为理想和完美的工作条件列出来就非常清楚了，如此你就能拥有创造性的生活。所谓的"创造性的生活"，就是当你沿着成功之路前行时，可以避开行不通的道路，向着完美的方向不断地前进。这种发挥你的创造力的行为是最愉快的、最有趣的，也是最值得的。比如，画家的快乐仅在于做画的时刻，而不在于展览会上的展出。

　　对每一个人来说，除了做自己喜欢的事情外，还要有热心，它是保持青春的重要本钱。每个人拥有充分的热诚，都能青春永驻，实现内在美和外在美的最好结合。也许你还没有意识到，每个人都是有热心的，它藏于你内心深处。它与自信和机会一样，不是外人强加给你的，它需要你自己去挖掘、去创造，别人是无能为力的。换句话说，若是不心甘情愿的话，没有人能激起你的热心，也没有人能让你热衷于目标的追求。

热心是将思想化为行动，推动你到达目的地的力量源泉。这就需要有一个前提，那就是你得有一个想要达到的目标。总体来说，所谓的热心就是信任自己、集中勇气、尽其所能向自己的目标前进，并且惯于自律、怀着梦想、憧憬未来的胜利。诗人爱默生说过："缺乏热心，就永远不会获得伟大成就。"

有了长处和兴趣就要发挥

　　每个人最应该问自己的就是：我能做什么？这是你对自己最好的质问，也是最负责任的呼喊。如果一个人一直用他的短处而不是用他的长处来工作的话，那他就会在永久的卑微和失意中沉沦。反之，如果选择自己的长处来工作，则会发挥无限潜能，大大提高自己的成功几率。

　　下面来看几个典型的故事，也许会让你感到从长处开始突破的观点是何其重要。

　　一天，瓦特的祖母说："瓦特，我感觉你是个非常懒的年轻人。""其他孩子都在念书，你也去吧，这样会对你有用些。我看你好长时间也没看书了。这些时间你都在做些无用的事情啊，你把茶壶盖拿走又盖上，盖上又拿走干什么？用茶盘压住蒸汽，还加上勺子，把所有的时间都浪费在玩这些东西上了，你不觉得惋惜吗？"

　　幸亏瓦特没有听这位老夫人的劝说，依然坚持做自己的事情，否则世界就可能失去一位伟大的发明家。

　　曾经有一位男孩愿意牺牲一切，目标只有一个：成为一名歌剧演员。他的父母为他下了很大的力气，花钱让他上课，就像现在的父母不遗余力地花钱让小孩上音乐课、舞蹈课一样。但是，经过几年的练习之后，他的老师对他已经失去了希望，对于他能否成为职业演唱家，开始怀疑了。"孩子，"老师告诉他，"你的声音听起来并不悦耳，很少有人喜欢！"

但是，男孩的母亲了解自己的孩子。因为她曾经热切地参与他的演唱会，每天在房间里倾听他认真练习，她非常清楚自己的孩子长处在哪里。为了不扼杀孩子的天赋，她送他到另一位更有经验的老师那儿学习。为了支付儿子的学费，她省吃俭用。这名男孩就是后来的卡罗索，他成了那个时代最伟大的男高音。因为他的母亲倾听他的心声，了解他的优势，所以引导他发展自己的天赋。

当初，伽利略被家人送去学医。当他被迫学习解剖学和生理学的时候，他并没有放下自己的优势和长项，他认真地学习着欧几里得几何学和阿基米德数学，偷偷地研究复杂的数学问题。正因为发挥了自己的优势，当他从比萨教堂的钟摆上发现钟摆原理的时候，年仅18岁。

英国著名将领兼政治家威灵顿小的时候，很多人都认为他的智力非常低，即便是他的母亲也认为他是低能儿。在学校里，别人都说他迟钝、呆笨又懒散，好像他什么都不行，老师和学生都说他是学校里最差的学生。后来，因为没有什么特长，他想都没想就报名入伍参了军。而在父母和教师的眼里，除了刻苦和毅力是唯一可取的优点外，他一无是处。但是在46岁时，他却打败了当时威震世界的最伟大的将军拿破仑。

没有什么能比一个人在他的长项上发展事业，使他受益更大的了。因为这种事业能够磨炼个人的肌体，敏锐心智，纠正判断，唤醒内在的无限潜能。

从这些典型例子中我们不难发现：在选择职业时，你不要仅仅考虑怎样赚钱最多、怎样最能让人羡慕，而是应该选择最能发挥自己长处的工作全力以赴，选择那些能使你的品格健全发展的工作，从而发挥自己无限的潜能。

蒸汽机车的发明者史蒂芬逊有8个兄弟姐妹，小时候家里非常穷，买不起房子，全家人都挤住在一个房间里。为了补贴家用，史蒂芬逊只好去给邻居放牛。但一有时间，他就用黏土、空心树枝做管子，制造蒸汽机模型。17岁时，他果真装成了一部蒸汽机，并让父亲帮他烧火做试验。由于家境不好，史蒂芬逊没有机会读书，他就把机器当成了自己的老师，而他则是机器最好的学生。当同龄人在假期游玩、逛酒吧的时候，他却在洗机器、研究和做实验。多年以后，他作为一个伟大的发明家和蒸汽机的改进者闻名于世的时候，当年那些游手好闲的人又都羡慕他、尊敬他了。

世界上伟大的英雄和功臣中，有许多人出身贫寒，但他们却一如既往地与命运作斗争，发挥自己的优势和长项，积累自己的才能，最后取得了令人羡慕的成就。

❀ 人生感悟 ❀

生活不是试跑，也不是正式比赛前的准备活动，生活就是生活。不要让生活抹杀了自己的兴趣和优势。要懂得，你所有的岁月最终都会过去，只有做出正确的选择并且执行下去，你才可以说已经走过了有价值的人生岁月。

清楚做什么比盲目行动更重要

有一个年轻人，因为对自己的工作不满意，他跑来向人力资源专家咨询。他自己的生活目标是：要找一个称心如意的工作，改善自己的生活处境。从他的要求来看，这个年轻人的生活动机似乎不全是出自私心而且是完全有价值的。

"那么，你到底想做点什么呢？你自己清楚吗？"专家问。

"我也弄不太清楚，还没有认真考虑过。"年轻人犹豫不决地说，"我还从没有认真地规划过这个问题。我只知道我的目标不是现在的这个样子，需要改变。"

"那么你清楚自己的爱好和特长吗？"专家接着问，"对于你来说，你考虑过什么是最重要的吗？"

"这个问题我也不知道。"年轻人回答说。

"如果现在有多种工作让你选择，你知道自己选择什么吗？你能做肯定的回答吗？"专家对这个话题穷追不舍。

"我真的说不准。"年轻人困惑地说，"我真的不知道我究竟喜欢做什么样的工作，现在我确实应该好好考虑考虑了。"

"那么，你看看这里吧，"专家认真地说，"你想离开你现在所在的位置，到其他的地方去是可以的。但是，在你走之前，你不知道你想去哪里，不知道你喜欢做什么，也不知道能做什么，会有什么样的结果。如果你真的想做点什么，那么，现在你必须拿定主意，除此以外别无他途。"

专家对年轻人进行了彻底的分析，同时对这个年轻人的能力进行了测试，结果发现这个年轻人对自己所具备的才能还是一塌糊涂。根据多年的经验和实践，他知道，对任何人来说，前进的动力都是不可缺少的。因此，他教给年轻人培养信心的技巧，并且鼓励他战胜各种困难。

多年以后，当这位年轻人踏上成功征途的时候，一直念念不忘当年专家给予他的指导和激励。

许多人在生活中一事无成，也许有各方面的原因，但最根本的在于他们不知道自己到底想干什么，而是像一只没有方向的苍蝇乱撞。

❀ 人生感悟 ❀

　　在人生的道路上，明确自己的目标和方向是非常必要的。一个人只有知道自己的目标是什么、到底想做什么之后，才能够实现梦想。

每天做好一件事

有一位著名的钢琴家，举办过十几次个人演奏会，也参加过多次比赛。无论观众是多还是少，也不管有没有获奖，他的脸上总是挂着开心的微笑。

在一次朋友聚会上，一朋友问他："你为什么每天都这么开心呢？好像没有什么烦心事似的。"

他微笑着反问那位朋友："生活中为什么要不开心呢？"

接着，他向所有的朋友讲了少年时经历过的一件事情：

我小时候，兴趣非常广泛，个性也比较要强。例如，画画、拉手风琴、游泳等，样样都学，而且还要争个第一才满意。那当然是不可能的。于是，在每次失败后，我都闷闷不乐，心灰意冷，失去了努力的动力，而且学习成绩一落千丈。

父亲了解了我的情况后，并没有批评我。在观察了我几天之后，父亲找来一个小漏斗和一捧玉米种子，放在桌子上。父亲笑着对我说："现在，我想给你做一个实验，你要认真对待啊。"说着，父亲就让我双手放在漏斗下面接着，然后捡起一粒种子投到漏斗里面，当时种子便顺着漏斗掉到了我的手里。一个……一个……我的手中也就有了十几粒种子。这时候，父亲一次抓起满满一把玉米粒全都放到了漏斗里面，由于玉米粒相互挤着，结果一粒也无法掉到我的手中。父亲看了看我，意味深长地说："这个漏斗代表的就是现在的你，如果你每天都能做好一件事，而不是贪多，那么每天你都会有一粒种子的收获和快乐。可是，当你想把所有的事情都放到一起来做的时候，反而连一件事情也做不好。"

钢琴家最后意味深长地说，虽然多年过去了，我也经历了许多人生的风风雨雨，但我一直铭记着父亲的教诲："每天做好一件事，坦然微笑地面对人生。"

人生感悟

不要把精力投向多个目标，每天做好一件事，在遇到挫折的时候，坦然微笑地面对生活，这样就可以达到成功的境界，享受幸福的生活。

不要犹豫，该怎么做就怎么做

有一头毛驴幸运地得到了主人给它的两堆草料，它非常高兴，但却犹豫着不知先吃哪一堆才好，就这样在两堆草之间徘徊，守着近在嘴边的食物不知所措。后来，主人以为它不愿意吃，就把两堆草料都拿走了。

故事虽然很简单，但结局却让人感到很惋惜。一人如果做事没有一点主见，优柔寡断，与故事中的驴有什么区别呢？

世间最可怜的，并不是那些做错事的人，而是那些遇事举棋不定，犹豫不决，经常不知所措的人，是那些自己没有主意，不敢做出人生抉择，一味地依赖别人的人。这种优柔寡断，自信不坚定的人，也难以得到别人的信任。

有些人不敢决定各种事情，因为他们担心决定的结果，究竟是好是坏，是吉是凶。还有一些人本领并不差，人格也好，但因为寡断，结果误了一生。

事实上，那些决断敏捷的人，即使犯了错误，也不会有什么大问题。因为他对事业的推动作用，总比那些胆小狐疑不敢冒险的人敏捷得多，做的事情也会更大。这就好像一个站在河边的人，如果呆立不动，那么他永远也不会渡过河去。

也许你有寡断的倾向或习惯，但不要紧，你应该做的就是立刻着手改变这种状态，否则它足以破坏你各种进取的机会。

在你决定某一件事情以前，要尽量做到对各方面情况有所了解，运用你的全部常识与理智，认真考虑，一经决定以后，就不要轻易反悔。

❀ 人生感悟 ❀

让敏捷、坚毅、决断成为一种习惯，该做就做。这会使你受益无穷。如此，你不但对自己有自信，而且也能得到他人的信任和支持。

出了问题，先反观自身的不足

从前，有一个青年遇到了困难，这时候，他想起了自己平时帮助过的许多朋友，于是，他就去找朋友求助，希望他们能给予他支持。

但是，让他感到意外的是，对于他的困难，朋友们全都视而不见、听而不闻，好像他们不是朋友似的。

"真是一帮忘恩负义的家伙！我平时对他们那么好，而他们现在却不管我了。"青年愤愤地想。

由于他非常气愤，越想越难以接受，以至于无法自己排遣，百般无奈，他去找一位智者倾诉了自己的不满情绪。

智者听了他的诉说后，道："助人是好事，然而你却把好事做成了坏事。"

"你为什么这样说呢？"青年大惑不解。

智者说："首先，你从一开始就缺乏识人之明，因为那些没有感恩之心的人是根本不值得帮助的，而你却没有看清这一点，盲目地去帮助他们，这是你的眼拙。其次，你手拙，如果你能在帮助他们的时候也培养他们的感恩之心，那么他们就不会觉得你的帮助天经地义，而会等待着一定时机给予你应有的回报，事情也许不会发展到今天这种情况，可是你没有这样做。第三，你心拙，在帮助他人的时候，你应该怀着一颗平常心，不要有自己在行善的想法，觉得自己在物质和道德上都优越于他人，而沾沾自喜，你应该只想着自己是在做一件微不足道的小事，并不企求别人的回报。与富人比起来，你还是个穷人；与更善的人相比，你还是一个凡人。"

人生感悟

　　愿意帮助别人，并在自己需要的时候希望得到别人的帮助，这是人的正常心理。但是，那些真正豁达睿智的人，却善于从自己身上发现不足和需要改进的地方，而不是一味地去抱怨别人。

做事要先从小事做起

　　很多时候，成功在常人眼中是力所不能及的事情，但在成功者看来，成功就是你身边的那些"琐碎小事"。

　　曾经有这样一个故事：

　　耶稣带着他的门徒杰克远行，途中发现一块别人废弃的马蹄铁，耶稣让杰克捡起来。杰克懒得弯腰，假装没听见继续往前走。耶稣则自己弯腰拾起，并用它换得几文钱，买了十几颗樱桃藏在衣袖里。出了城便是茫茫的荒野。走上一段路，二人已经非常渴了，耶稣故意掉落一颗樱桃在地上，口渴难耐的杰克，不得不弯腰捡起来吃。就这样，一个丢，一个捡，杰克也顾不得狼狈，就这么一次又一次地弯腰，毕竟解渴要紧。

　　事后耶稣借此事教育杰克说，小事不做，将在更小的事情上操劳，如果你肯弯一次腰的话，那么成功就是给你准备的。对于那些失败者来说，如果早知道有这样的结果，当初就会把这些"废铁"拾起。但是，问题就在于"不知道那些废弃的铁是宝"，就像"傻瓜吃饼"，等吃到第十个的时候，感到肚子已经太胀了，说早知道这样，我吃最后一个好了。

如果认为成功就一定要干一些惊天地泣鬼神的事，那样的人肯定不是实际的人，而是比较浮躁的人。

实际上，许多具有"成功信息"的东西，就隐藏在随处可见的小事中。其实，帮助你成功的路径就摆在你面前，而你却一次次地漠视它，昂首阔步地从它面前走过。你总以为自己重任在身，总是习惯抬头远望，做一些自己达不到的事情，这样的行为就像你在寻找着第十个饼一样。

反过来说，"成功信息"也会装扮成圣诞老人，来考验那些不做小事的人，看着你捡了芝麻，然后再捧出西瓜。

❀人生感悟❀

古人说：合抱之木，生于毫末；九层之台，起于累土；千里之行，始于足下；勿以善小而不为，勿以恶小而为之。这些话共同强调了一点，就是任何事物的形成都是从点滴开始的，它提醒人们做事要从小处着手的重要性。

长远目标要分段来实现

普雷斯25岁的时候再次面临失业的打击，以前曾经在君士坦丁堡、在巴黎、在罗马受穷挨饿，而如今在纽约这个充溢着富贵气息的城市，让他更感觉失业的痛苦。

普雷斯不知道该怎么办，因为他觉得自己的工作能力十分有限，他能胜任的工作不多。他虽然会写点东西，但却不会用英文写。他整天徘徊在马路上，目的不是为了强身健体而是躲避房东，因为他已经没有多余的钱来缴房租了。

一天，普雷斯与往常一样在大街上闲逛，忽然他在42号街遇到一位金发碧眼的男子，他一眼就认出那是俄国的著名歌唱家夏里宾先生。普雷斯还清楚地记得，自己小时候常常为了观看他的演出而在莫斯科帝国剧院的门口排长队买门票。那时要想买到一张他的演出门票是一件多么不容易的事。后来普雷斯在巴黎当新闻记者，也去采访过他，普雷斯以为依他现在的身份地位是不会认识自己的，然而出乎他意料的是，夏里宾却能清晰地喊出他的名字。

"还好吧？普雷斯先生。"他问。普雷斯敷衍性地回答了他的问话。普雷斯想："我的境遇你应该一眼就明白的。"

夏里宾接着说："我住在第103号街的宾馆，就在百老汇路转角，一起走过去并到我那里坐坐怎么样，普雷斯先生？"

走过去？普雷斯一听就傻了眼，当时正是中午，普雷斯已经在路上闲逛了5个小时，现在又要他走那么长的路，岂不是难为他嘛。

普雷斯说："夏里宾先生，从这里走到你的居所还要走60条马路口，是不是有点远啊？"

"谁说的？"夏里宾轻松地说，"只不过就10条马路口而已。"

"10条？"普雷斯诧异地看着夏里宾。

夏里宾坚定地说："是的，只有10个路口，但我不是说到我的旅馆，而是到第52号街的一家射击游艺场。"

普雷斯听到夏里宾的回答有些不解，由于盛情难却只好跟着他走。

一会儿，就到了夏里宾所说的射击游艺场，然后夏里宾又制定了下一个目标，他说："现在，只有10条马路口了。"普雷斯仍然不解，还是继续跟着他走。

很快，又到了卡纳奇大戏院。这时，夏里宾带着普雷斯去观看了周围的景物。几分钟之后，他们再次制定10个路口的目标，每到达一个目标就在那里欣赏一下周围的景观，就这样他们很轻松地就走完了60个马路口。到了夏里宾的旅馆时，他满意地笑着说："怎么样年轻人，这段距离并不太远吧？现在让我们来吃午饭。"用餐之前，夏里宾将自己的用意解释给普雷斯听。他说："我希望你能把今天的走路时常记在心里。因为，这是生活的一个经验：当你与你制定的目标之间，间隔一段十分遥远的距离时，不要担心。只要你把精神集中在10条街口的短短距离，别因遥远的未来而烦恼，奔向目标的路程就不会遥远。常常注意未来24小时会使你发现不少的乐趣，就这样坚持不懈地走下去终有一天会成功。"

❀ 人生感悟 ❀

在人生道路上，虽然需要解决的问题有很多，但是不可能做什么事都一步到位，每次只要迈出一小步，坚持下去，成功就会离你越来越近。

想法和行动不能分离

心理学大师弗洛伊德曾经将空想命名为"白日梦"。他是这样给出定义的，白日梦就是人在现实生活中由于某种欲望得不到满足，于是通过一系列的空想、幻想在心理上实现该欲望，从而为自己在虚无中寻求某种心理上的平衡。对此，他还提出了一个关键性的词：逃避。他说过分沉湎于空想的人必定是一个逃避倾向很浓的人。这句话一点也不错，而空想带给人的极大危害性也就在于此。下面的故事可以生动地说明只会空想，而不行动的危害。

一天，一位乡下青年登门拜访了年事已高的爱默生。青年自称是一个诗歌爱好者，从7岁起就开始进行诗歌创作，但由于身处偏僻和环境因素，他一直得不到名师的指点，所以非常着急。因仰慕爱默生的大名，就不辞辛苦地前来寻求文学上的指导。

这位青年诗人虽然出身贫寒，但谈吐优雅，气度不凡。老少两位诗人谈得非常投机，青年给爱默生留下了深刻的印象。

青年临走时，留下了薄薄的几页诗稿，让爱默生指教。

爱默生读了这几页诗稿后，感觉非常好，认定这位乡下青年在文学上将会大有作为，于是决定全力给予指导，而且要凭借自己在文学界的影响来大力提携他。

爱默生将那些诗稿推荐给文学刊物发表，但反响并没有他预期的那样。因此，爱默生希望这位青年诗人继续将自己的作品寄给他，他将进一步给予相应的指导。于是，老少两位诗人开始了频繁的书信来往。

青年诗人每次写信都大谈特谈文学问题，始终充满着激情洋溢的乐观精神，而且才思敏捷，表明他的确是个天才诗人。爱默生也对他的才华大为赞赏，并不断地给予鼓励，在与友人的交谈中也经常提起这位诗人。正是在这种良好的氛围下，青年诗人很快就在文坛有了一点小小的名气。

但是，这位青年诗人在有了小名气后，就再也没有给爱默生寄诗稿来，而且在所写的信中开始以著名诗人自居，语气越来越傲慢，很显然已经沾沾自喜了。

这时候，爱默生开始感到了不安。因为凭着自己的人生经验和对人性的深刻洞察，他意识到这位年轻人身上出现了一种危险的倾向。

双方尽管一直在继续通信，但爱默生的态度逐渐变得冷淡，因为他已经成了一个倾听者。

很快，一年过去了。

爱默生邀请这位青年诗人前来参加一个文学聚会，并借此机会了解一下他的具体情况。青年如期而至。

这样两人开始了一番有针对性的对话：

"后来为什么不给我寄稿子了？你做什么呢？"

"我在写一部长篇史诗。"

"你的抒情诗写得很出色，为什么不继续写下去呢？"

"要成为一个大诗人就必须写长篇史诗，做那些小事情是毫无意义的。"

"你认为你以前的那些作品都是小事情吗？"

"是的，我已经是个大诗人了，我必须写大作品才能证明我自己。"

"也许你是对的。你是个很有才华的人，我祝愿你能尽早写出你的大作品。"

"谢谢，我很快就会完成一部，即将公之于世。"

在这次文学聚会上，这位被爱默生所欣赏的青年诗人大出风头。他尽力表现他的才华横溢，锋芒咄咄逼人，并不把他人放在眼里，而且说话总不离他的大作品。虽然与会作家没有读过他的大作品，即便是他那几首由爱默生推荐发表的小诗也很少有人读过。但是，在人们的意识里，每个人都认为这位年轻人将来必成大器。否则，大作家爱默生也不会如此地欣赏他。

但是，几个月以后，青年诗人继续给爱默生写信的时候，却再也不提他的大作品了。而且信越写越短，语气也越来越沮丧。直到有一天，他终于在信中说出了实情，很长时间以来他什么都没写。以前他所说的所谓的大作品根本就是子虚乌有的事情，完全是他的空想，完全没有付出过行动。

他在信中写道："多年以来，我就渴望成为一个大作家，而且我周围所有的人以及我的朋友都认为我是一个有才华的人，并且前途无量。我曾经写过一些诗，并有幸获得了阁下您的赞赏，这使我深感荣幸，并为此深表谢意。

"但让我深感苦恼的是，每当面对稿纸时，我的大脑中便是一片空白，我无法静下心来，写不出任何东西了。我一直认为自己是个大诗人，必须写出大作品。在想象中，我感觉自己和历史上的大诗人没有什么两样，而且自己也很成功。

"尊贵的阁下，请您原谅我这个狂妄无知的乡下小子，我没有好好地珍惜曾经的拥有，也没有脚踏实地地去付出行动……"

从此以后，爱默生再也没有收到这位青年诗人的来信。

🌾 人生感悟 🌾

当一个人年轻时，谁都空想过，谁都幻想过。想入非非是青春的标志。但是，人总归是要长大的，总要做许多事情。天地是广阔的，世界是美好的，未来等待你的不仅仅是一对幻想的翅膀，更需要一双踏踏实实的脚。

取人之长，补己之短

看人时如果能不以个人的喜恶为标准，你就会发现别人身上有很多长处，如果能加以有效利用，那么对你绝对是一件好事。

每个人在事业上的发展都不是孤立的，总是要和外界接触的，总是要用到方方面面的人来为你的事业铺平道路，如果能取人之长，补己之短，就会在自己身上产生一股"合力"的作用，而这种合力更能推动你由弱而强，由小而大。

每个人的能力又都是有限的。青年人精力旺盛，认为没有自己做不成的事。其实，精力再充沛，个人的能力还是有限的。超过这个限度，就是人所不能及的，也就是你的短处了，所以合作就更显得重要了。再加之你的能力倾向与其他人不同，所以更需要合作来弥补。每个人都有自己的长处，同时也有自己的不足，要与人合作，用他人之长补自己之短。

人的性格和能力是有差别的，这些差别是长期养成的。不能说哪种类型一定好，哪种类型一定坏。正是这些不同，每个人所擅长从事的工作也不同。要想有所作为，首先得明白自己的性格和能力，然后选定一个适合于自己能力的工作目标。在与人合作时，也应注意分析别人的性格特点，尽可能使每个人都找到适合自己的工作。也就是他能弥补你的短处，你能补救他的不足。

即使你的本领再大，也总会存在一定的局限。善于发现他人长处的人，必定可以成为处世方面的强者，必定有着众多的各行各业的朋友，那么在日常生活中办起事来自然事半功倍。

一位哲人说过："从长处看人，世无无用之人；从短处看人，人人难逃平庸。"说的正是这个道理。

有这样一件事：一家有五个儿子，但是五个儿子"各有千秋"，长子质朴，次子聪明，三子目盲，四子驼背，五子跛脚。如果按照常理看，这家人的日子一定过得相当困难。可是出人意料的是，这家人的日子却过得和谐美满。有好奇的人一打听，才知道这家的五个儿子各有安排。让质朴的老大务农，让聪明的老二经商，老三目盲正好可以按摩，背驼的老四可以搓绳，跛足的老五便成了守家纺线的好手。这一家人各展其长，各尽其长，日子过得自然和谐美满。

试想，如果这家人仅仅考虑几个残疾儿子的命运，生活一定破落难堪。但是转换一种思维，从扬长避短的角度出发，利用了儿子们具有正常人所不具备的优势，这样一来，全家就无一"废人"了。

现在社会，选择的余地越来越大。好多人却仍旧选用金钱观来看最为有利可图的事业或工作，根本没有考虑自己的个性和能力。现在社会为我们提供了便利的条件和宽松的发展环境，可以自由择业。把握好这样的机会，才不会在回首往事时遗憾、叹息。

美国南北战争时期有一位著名的将军叫格兰特，此人不仅具备卓越的军事才能，同时又是一个好酒贪杯的酒徒。但是，林肯看到他有统率军队的才干，认为他虽有缺点，但与别人相比他的才华是杰出的，因此大胆地起用了格兰特。当时林肯对众多的反对者说：我不但知道他有爱喝酒的毛病，我还知道如果送一箱好酒给他喝，格兰特就会扭转战局。

善于观察别人，并能够吸引一批才识过人的良朋好友来合作，激发共同的力量，这是每个成大事者最重要、也是最宝贵的经验。

有一位厂长，在用人的时候既善用人长，又善用人短。比如安排遇事爱钻牛角尖儿者去当质量检查员，让处理问题头脑太呆板者去当考勤员，而对脾气太犟、争强好胜者，就任命他当攻坚突击队长，办事婆婆妈妈的人就让他去抓劳保，喜爱聊天能言善辩的人就安排其去搞公关接待。这样一来，厂里一切便都秩序井然，效益时时见好。

一位商界著名人物，也是银行界的领袖说：他的成功得益于鉴别人的眼力。这种眼力使得他能把每一个职员都安排到恰当的位置上，而从来没有出过差错。不仅如此，他还努力使员工们知道他们所担任的位置对于整个事业的重大意义，这样一来，这些员工无须人的监督，就能把事情办得有条有理，十分妥当。

在平常人看来，短就是短；在有见识的人看来，短也是长。

一个所谓的天才，并不是能把每件事情都做得很好、样样精通的人，而是能在某一方面做得特别出色的人。比如说，人们通常认为一个会写文章的人，是一个天才，他管理能力也一定不差。但实际上，一个人能否做一个合格的管理人员，与他是否会写文章是毫无关系的。他必须有分配资源、制定计划、安排工作、组织控制等方面的专门技能，但这些技能并不是一个善写文章的人就一定具备的。

❧ 人生感悟 ❧

善于利用他人之长的人尽管不一定事事都那么出色，但肯定是一个未来的成事者。

人无完人，不要只看到他人的缺点。最重要的是看到他人的长处，对别人充满信心，才能把事办好，才可以迅速地提高自己。假如你总是盯着别人的缺点不放，那么即使他有众多的优点，你也会视而不见。三人行必有我师，不要小看身边的任何人，透过他们的缺点看优点，才能发现真正的千里马。

要有"防患于未然"的意识

做事要有"防患于未然"的意识，因为事物的发展并非一条路，往往有多种可能，既可能向好的方向发展，也可能向坏的方向发展。正因为这样，在办事情、想问题的时候，应该立足于事情的复杂性，从最坏处着眼、向最好处努力，千万不可掉以轻心、麻痹大意。

明朝洪武年间，郭德成担任骁骑指挥，有一次进内宫面见太祖，明太祖支退左右，拿出两锭黄金放在他的袖子里，说："只管回去，不要对任何人说。"郭德成深受感动，恭敬地答应了。但当他走出宫门的时候，就立即把金子装在靴筒里，装出喝醉的样子，故意脱下靴子，露出了金子。这时候被守门的人看见了，立刻将这事报告给太祖，太祖笑着说："是我赏给他的，没什么问题。"朋友知道这事后，为此都责备郭德成。郭德成摆了摆手，说道："九重宫门防守的这样严密，如果暗藏金子一旦被发觉，别人岂不要说是我偷的？更何况我的妹妹在宫中侍候皇上，我进出皇宫比较自由，你们怎么知道皇上不是以这个办法试探我呢？还是防备点好！"朋友们听了，都为郭德成的见识折服。

还有一件事情，宋仁宗无子，听韩琦等大臣的劝谏，立宗室之子为太子。不久，仁宗驾崩，太子即位，历史上称为宋英宗。宋英宗身体不好，于是下诏请皇太后一同处理军国大事，因为小人挑拨离间，英宗和太后的关系渐渐疏远。

事情发展得越来越不妙。一天，太后给韩琦送来一封密信，信中历数了皇帝对她不孝顺，并请韩琦"为媳妇做主"，还派了一名心腹之臣专门等候他的回话。韩琦读完信后，认真做了斟酌，说："我一定办。"就送走了太后的使者。

几天后，韩琦找了个机会，把这件事告诉了英宗，并嘱咐说："这事千万不要外泄。您有今日，全是太后的支持，恩不能忘，虽然你们不是亲母子，但是如果您能尽力孝敬她，她就不会说什么了，而且双方的关系也会融洽，一切麻烦都会消失，这样对国对家都是有利的。"英宗思考了片刻，说道："好，我按你的意思办。"韩琦说："这件事是极为要紧的，事情一旦泄露出去，恐怕那些别有用心的人就要借机生事、编造谗言了，到时候，形势恐怕就难以控制了。因此，我不敢留下那封信，已经把它烧掉了。"英宗称赞韩琦做得非常好。

从此以后，宋英宗和太后的关系开始慢慢地融洽了，其他人却根本不知道到底发生了什么。

通过这两个例子可以看出，郭德成和韩琦都是很有远见的。为防止意外事件的发生预先采取防范措施，稳扎稳打，步步为营，从而把事情做得非常圆满。

人总是不一样的，历史上也有那么一些人，防范心理较弱，也没有防范的措施和方法，为此失去了许多，甚至是生命。孙策就是一个典型的例子。

孙策是东汉末年政坛上的风云人物，占有江东全部领土。当曹操和袁绍在官渡交战的时候，他看到了机会，与人谋划，准备袭击许昌。许昌是曹操的根据地，一旦失守，后果不堪设想。曹操部下听到这个信息后，都很恐慌。但谋士郭嘉却说："孙策虽然吞并了江东的土地，诛杀了当地的许多英雄豪杰，这是他能得到部下拼死效力的结果。但是孙策也有致命的弱点，他遇事粗心大意，而且不善防备。尽管他声称有百万之众，但与孤身一人没有什么两样，如果派一个刺客去杀他，他就对付不了。"另外，孙策的一位谋士也因为孙策好骑马游猎，劝谏道："您指挥零散归附的将士，他们就能为你拼死效力，这是您的福气啊！但您轻易暗地里出行，所有的将士们都很忧虑，为您的安全担心啊。那白龙化作大鱼在海里游玩，就会被渔夫捉住；白蛇爬出山中，就被汉高祖斩杀了。这都是教训，希望您能谨慎些为好。"孙策说："先生的话很有道理，我会小心行事的。"

孙策虽然嘴上答应了，但始终改不了老毛病。当他出兵袭击许昌时，到了长江后，还没过江，就像郭嘉预料的那样，灾难发生了，被许贡的门客所杀。

郭嘉的远见卓识和孙策的粗心大意，在此得到了集中体现。孙策诛杀了很多英雄豪杰，无数人对他切齿痛恨，想寻找机会报仇的人不计其数，但他却全然没有防范意识，单枪匹马，独自外出，其英雄胆气固然令人钦佩，但其处事的方式却不值得称赞。

❀ 人生感悟 ❀

聪明的人有许多种，但懂得"防患于未然"道理的人才是聪明人。做事情不要寄希望于亡羊补牢，等到出现严重后果的时候，才知道自己做错了，如此为时已晚。

相信自己，别人才能相信你

有一位顶尖的杂技大师，一次，他参加了一个非常富有挑战性的演出。演出的节目是在两座高山之间的悬崖上架一条钢丝，而他要从钢丝的这边走到另一边。

表演开始了，杂技大师走到悬在山上钢丝的一头，两眼注视着前方的目标，慢慢地伸开双臂，轻轻地挪动着步子，终于顺利地走了过去。这时，山谷里响起了热烈的掌声和欢呼声。

此时，杂技大师对所有的人说："我要再表演一次惊险的动作，这次我要绑住我的双手走到另一边，你们相信我吗？"走钢丝靠的是双手的平衡，而大师竟然要把双手绑上，其中的危险系数之大可想而知。但是，人们都有好奇心理，所以都说："我们相信你，相信你能够做到！"听完人们的呼声后，杂技大师真的用绳子绑住了双手，然后用同样的方式一步、两步、三步……终于走了过去。"太棒了，真是不可思议！"山谷里又一次响起热烈的掌声。人们还没有回过神来，没想到的是杂技大师又对所有的人说："我再表演一次，这次我不仅要绑住双手，而且还要把眼睛蒙上，你们相信我能够走过去吗？"这时人们的兴趣更加高涨，所有的人都说："我们相信你！你是最好的！你一定能够做到！我们支持你！"

只见杂技大师果真让人拿出一块黑布蒙住了眼睛，然后用脚慢慢地摸索到钢丝，一步一步地往前走，所有的人都屏住呼吸，整个山谷沉寂了，人们都为他捏了一把汗，心都提到了嗓子眼儿。终于，大师走过去了！人们长长地舒了口气。

惊险动作过去了，但表演好像还没有结束，只见杂技大师从人群中找到一个孩子，然后对着人群说道："这是我的小儿子，我要把他扛在我的肩膀上，同时还要绑住双手、蒙住眼睛走到钢丝的另一边，你们相信我能做到吗？"这时，所有的人都好像失去了意识，说："我们相信你！你一定会安全走过去的！"

"你们真的相信我吗？"杂技大师重复了一遍。

"相信你！相信你一定能做到！"所有人都这样喊着。

"我再问一次，你们相信我能做到吗？"

"相信！绝对相信，你是天下第一！"所有的人都大声地嚷道。

这时杂技大师严肃地说："那好，既然你们都相信我，那我就把我的儿子放下来，扛上你们的孩子走过去，谁愿意呢？"

整座山上鸦雀无声，所有的人都惊呆了，再也没有人敢说相信了。这只是一个故事，但在现实中，许多人经常说：我相信我自己，我是最好的。当他们在喊这些口号时，他们是否真的相信自己呢？是否是经过深思熟虑说出口的呢？也许刚遇到一点困难，就忘掉自己所喊的口号了。

自信是一种可贵的心理品质，但它并不是天生的。它一方面需要培养，一方面也要依赖知识、体能、技能的储备，具备了这些，自信才不会成为无源之水、无本之木。

因此，在培养自信时，需要注意以下两点：

（1）重视暗示的作用。"暗示"能够在心里产生巨大的效应，它主要指人的主观感受、主观意识对人的行为的一种引导、控制作用。因此，在行动之前，心中默念"我能做好"或"我能行"之类的话，是非常必要的，它可使你从心理上放松，使你的心情得到释放，久而久之也逐渐培养了自信的品质。

（2）注重自己的行为方式。行为方式是人的思想品质的外在体现，一个人如果在行动上畏畏缩缩，或者手忙脚乱，那么很难让人把你同自信联系起来。比如，在与人交谈的时候，要敢于看对方的眼睛，也不故意躲避对方的目光；表达要尽量清晰而有条理，千万不要让声音憋在嗓子里。如果对自己要表述的内容心中没有十分的把握，那么就要在开始前预演一番，这样心里就会轻松很多。

❦ 人生感悟 ❦

知识、技能的储备是自信的基本条件，一个人只有具备了足够的知识和实际能力，自信才会发自内心，做到厚积薄发，而不必装腔作势。否则，越是显得自信，就越是不自信，吃亏的只能是自己。

瞄准主要目标全力以赴

非洲有一条河，河谷两岸青草嫩肥，草丛中一群羚羊在悠闲地觅食。

这时，一只非洲豹隐藏在远远的草丛中，竖起耳朵四面搜索。直觉告诉它，羚羊群就在附近。凭着敏锐的嗅觉，它悄悄地、轻手轻脚地、慢慢地接近了羊群。

对于羚羊来说，灾难正在悄悄地降临，突然它们有所察觉，开始四散逃跑。非洲豹像离弦的箭，瞬时爆发，冲向羚羊群。它的眼睛始终盯着一只未成年的羚羊，一直向它冲去，紧追不舍。

羚羊飞快地奔跑，非洲豹更快。在追与逃的较量中，非洲豹超过了一头又一头站在旁边观望的羚羊，但它没有掉头改追这些更近的猎物，而是选择了那头未成年的羚羊疯狂地追赶，对其他的羚羊就像根本没有看见一样。羚羊已经跑累了，速度慢慢地减了下来，非洲豹也累了，但它却有坚持力。终于，非洲豹的前爪搭上了羚羊的屁股，羚羊被扑倒了。

在动物界，一切肉食动物都知道在出击之前要隐藏自己，而更重要的是，在选择追击目标时，必须选那些未成年的，或老弱的，或落了单的猎物，才会有收获的希望。

在追击过程中，它不改追其他显得更近的羊是因为它已经很累了，而别的羊还不累。其他羊一旦起跑，爆发力会非常强，速度也更快，瞬间就会把已经跑得比较累的豹子甩在后边，拉开距离。如果丢下那只跑累了的羊，改追一头不累的羊，那么，最后的结果可能是一无所获。

看看我们生活的周围，对于那些浅尝辄止、见异思迁的朋友，非洲猎豹的做法会给他们提供一个很好的启示。

🌸 人生感悟 🌸

人在追逐目标的过程中，切忌三心二意，只有把有限的生命和精力投入到固定的目标中，你才能有所成就，达到自己的目标。

对自己做的事情要有热情

松下幸之助很小的时候就开始了他的打工生涯。13岁时在一家名为五代的自行车店当学徒，要强的松下非常喜欢这份工作，对此也付出了自己满腔的热情，他一直想独立卖一辆自行车。但是，由于当时他的年龄太小，自行车又是高档品，老板不放心，所以松下一直没有自己销售过，顶多是跟着伙计去送车。

有一天，一位客户打来电话想看看自行车，要五代派人给送过去。可是，店里的伙计都被老板派出去了，只有留在店里的松下，于是老板对他说："对方很急，你先给他送一辆过去吧！"松下一听心里乐开了花，认为表现自己的机会来了，他精神百倍地把自行车送到客户那里。

因为当时的松下只有13岁，人家根本没有把他当作销售人员看待，只认为他是个孩子。所以买方的老板看他拼命讲解的模样，笑着对他说："你是个好孩子。你的工作也很出色，所以我决定买下来，不过条件是要打9折。"

由于太过兴奋，松下没拒绝并表示要回去征求老板的意见。说完转身就跑回店里，并将对方的意见转达给了老板。

老板却说："打九折不行，九五折好了。"

松下为了能完成自己的这笔交易，很不愿意再跑一次去说九五折。他对老板说："请不要说九五折，就以九折卖给他吧。"说着眼泪夺眶而出。

老板对此感到很意外，不知道松下是怎么回事。

一会儿，对方的伙计到店里，看到了松下在哭，就询问怎么回事。

老板说："这个孩子非要我给你们打九折，说着说着就哭了起来。"

伙计听后，被松下的这种精神感动了，立刻回去告诉他的老板。那位老板说："看在这个小学徒的分上就按他们的意思买下吧！他是一个十分可爱又相当敬业的好孩子。"

就这样，终于成交了。松下在老板心目中的形象也有了进一步的提升。

❧ 人生感悟 ❧

人生中最快乐的事情之一就是可以做自己想做的事，换句话说，就是依照自己的兴趣爱好行事。假如你对一份工作有着浓厚的兴趣，毋庸置疑，肯定能将此事做得很好。这样一来，不但获得了表现自己的机会，还能获得他人的赞赏。

可以身无分文，但不能没有思考

任何成功的人都有勤于思考的习惯，善于发现问题、解决问题，不让问题成为人生难题。可以讲，任何一个有意义的构想和计划都是出自思考，思考得越深入，收益可能就会越大。一个不善于思考难题的人，会遇到许多取舍不定的问题；相反，正确的思考则可以产生巨大的作用，可以决定一个人应该采取什么样的行动。古希腊的佛里几亚国王葛第士以非常奇妙的方法在战车的轭上打了一串结。他预言：谁能打开这个结，就可以征服亚洲。一直到公元前334年，还没有一个人能够成功地将绳结打开。这时，亚历山大率军入侵小亚细亚，他来到葛第士绳结前，不加考虑，便拔剑砍断了绳结。后来，他果然一举占领了比希腊大50倍的波斯帝国。

一个孩子在山里割草，被毒蛇咬伤了脚。孩子疼痛难忍，而医院在远处的小镇上。孩子毫不犹豫地用镰刀割断受伤的脚趾，然后，忍着剧痛艰难地走到医院。虽然缺少了一个脚趾，但孩子以短暂的疼痛保住了自己的生命。

一位朋友到一家餐馆应征做钟点工。老板问：在人群密集的餐厅里，如果你发现手上的托盘不稳，即将跌落，该怎么办？许多应征者都答非所问。朋友答道：如果四周都是客人，我就要尽全力把托盘倒向自己。最后，朋友成功了。

亚历山大果断地剑砍绳结，说明他舍弃了传统的思维方式；小孩子果断地舍弃脚趾，以短痛换取了生命；服务员果断地把即将倾倒的托盘投向自己，才保证了顾客的利益。在某个特定的时刻，你只有敢于舍弃，才有机会获取更长远的利益，即使遭受难以避免的挫折，你也要选择最佳的失败方式。

正确思考往往蕴含于取舍之间，因为不这样做，就那样做，是由一个人的思考力决定的。不少人看似素质很高，但他们因为难以舍弃眼前的蝇头小利，而忽视了更长远的目标。成就一番事业的人有时仅仅在于抓住了一两次被别人忽视的机遇，而机遇的获取，关键在于你是否能够在人生道路上进行果敢的取舍。

所有计划、目标和成就，都是思考的产物。你的思考能力，是你唯一能完全控制的东西，你可以以智慧，或是以愚蠢的方式运用你的思想，但无论如何运用它，它都会显现出一定的力量。没有正确的思考，是不会克服困难的，如果你不学会正确的思考，是绝对没有办法防止受挫的。

少数正确思考者一直都被当作是人类的希望，因为在他们所从事的事情上，都扮演着先锋者的角色，充分施展了自身的优势。他们创造工业和商业，不断使科学和教育进步，并鼓舞发明和宗教。爱默生说得好："当上帝释放一位思想家到这个星球上时，大家就得小心了，因为所有事物将濒临危险，就像在一座大城市里发生火灾一样，没有人知道哪里才是安全的地方，也没有人知道火什么时候才会熄灭。科学的神话将会发生变化；所有的文学名声以及所有所谓永恒的声誉，都可能会被修改或指责；人类的希望、人类的思想、民族宗教以及人类的态度和道德，都将受下一代摆布。普遍化将成为神力注入思想的新汇流口，因此悸动也跟着而来。"

在克服自身劣势的过程中，如果你是一位正确的思考者，则你就是你情绪的主人而非奴隶。你不应给予任何人控制你思想的机会，你必须拒绝错误的倾向。一般人开始时，会拒绝某一项不正确的观念，但后来因为受到家人、朋友或同事的影响而改变初衷，进而接受这一观念。

一般人往往会接受那些一再出现在脑海中的观念（无论它是好的还是坏的，是正确的还是错误的）。作为一位正确的思考者，你可以充分利用这一人性特质，使你今天所思考的到了明天仍然反复出现，并进而接受一再出现的思想，这正是明确目标和积极心态的力量本质。

第二个人性共同的缺点，就是不相信他们不了解的事物。当莱特兄弟宣布他们发明了一种会飞的机器，并且邀请记者亲自来看时，没有人接受他们的邀请。当马可尼宣布他发明了一种不需要电线，就可传递信息的方法时，他的亲戚甚至把他送到精神病院去检查，他们还以为他失去了理智。

在调查清楚之前，就采取鄙视的态度，只会限制你的机会、应有的信心、热忱以及创造力。不要把质疑未经证实的事情与认为任何新的事物都是不可能的两种态度混为一谈。正确思考的目的，在于帮助你了解新观念或不寻常的事情，而不是阻止你去调查它们。

❧ 人生感悟 ❧

一个人要想做出一番事业，必须善于思考，多向自己提问。没有正确的思考，是不会克服困难的，如果你不学习正确的思考方式，是绝对没有办法接受和防止挫折的。

改变先从思路开始

从前有一位哲人，有相当的影响力，他的思想也被大多数人接受。当他年事已高的时候，决定退出人间的俗事，为此他准备招收一名才智很高的徒弟。听到这个消息后，报名者千里迢迢来到这里，都希望自己能够成为哲人的高徒。

面对众多应聘者，哲人说："相马不如赛马，为了能选拔出高智商的人才，我出一道实践性的试题，你们来做。现在你们想办法把木梳尽量多地卖给和尚，卖出最多的人是胜者。"绝大多数应聘者感到困惑不解，甚至愤怒：出家人要木梳何用？这不明摆着为难人吗？于是纷纷拂袖而去，最后只剩下三个应聘者：甲、乙和丙。哲人交代："以15日为限，届时向我汇报你们工作的成果。"

转眼间，15日就到了，他们都回来了。哲人问甲："卖出多少把？"答："1把。""怎么卖的？"于是，甲讲述了他历尽的辛苦，游说和尚应当买把梳子，但没有任何效果，还遭到了和尚的责骂，幸好在下山途中遇到一个小和尚一边晒太阳，一边使劲挠着头皮。甲看到了机会，于是递上木梳，小和尚用后满心欢喜，所以就买下了一把。

哲人问乙："卖出多少把？"答："5把。""怎么卖的？"乙说他去了一座名山古寺，由于当时刮起了大风，进香者的头发都被吹乱了。于是，他找到寺院的住持说："蓬头垢面是对佛的不敬。应在每座庙的香案前放把木梳，供善男信女梳理鬓发。"住持想了想，就采纳了他的建议。那山里有5座庙，于是住持就买下了5把木梳。

哲人又问丙："卖出多少把？"答："1000把。"哲人非常的吃惊："你是怎么卖的？"丙说，他到一个颇具盛名、香火极旺的深山宝刹，朝圣者、施主络绎不绝。丙对住持说："所有来进香和参观的人，多有一颗虔诚之心，宝刹应有所回赠，留做纪念，保佑他们平安吉祥。现在我有一批木梳，您的书法功底深厚，可刻上'积善梳'三个字，作为赠品给他们。"住持听后大喜，立即买下了1000把木梳。而得到"积善梳"的施主与香客也很高兴，心里十分的满足。于是一传十、十传百，朝圣者越来越多，香火更加旺盛。

最后，丙自然地成了哲人的徒弟。

人生感悟

拥有与众不同的思路、不同的方法，就会有不同的结果。在大多数人认为不可能的地方做出自己的成绩，那才是真正的事业高手。

第三章 提高生活质量 从重视工作开始

人生是一种优胜劣汰的竞争，想要提高自己的生活质量，就要学会怎样谋生，就要有意识地采取相应的策略冲破他人的阻挡；要想获得自己想要的东西，就要承受更多的压力。当然，谋生不仅仅是竞争，还要在工作中坚持自己的理想，认真工作，学习他人的有益经验，做自己想做的事情。这既是一种能力，也是一种智慧。

看清大形势，审视小环境

许多人刚走上工作岗位时，几乎都会遇到如何适应环境的问题。这里不仅有生理适应、知识技能适应的问题，更主要的是心理适应。当一个人来到一个新的环境时，职业工作的众多信息不可避免地会引起各种心理反应，如感知、情绪、性格等方面的变化，而如何对待这些变化，对人的职业发展影响是非常大的。

一个人在适应职业环境过程时，他的劳动态度也会不断地发生变化。劳动态度是指一个人在走入职业岗位后，面临着执行具体劳动任务时的心理倾向。通常情况下，年轻人的思维灵活，性格开朗，兴趣广泛，适应工作的能力也比较强，更愿意接受新鲜事物。但是，年轻人也有他无法回避的弱点，比如经常遇到困难，感觉不适应等问题。产生这些情况大多是由工作紧张、人际关系复杂、自己知识技能差、一时不能胜任工作等造成的。遇到这些情况后，一些自制力比较弱，没有他人指导的年轻人容易产生情绪波动，会产生调换工种、更换环境的想法或者行动，从而影响正常的生活、学习和工作，影响身心健康。

工作中出现的种种问题都是正常现象，不必大惊小怪，怎样调整自己的情绪波动才是最为重要的。

任何一个年轻人，走上工作岗位后都有一个适应的过程，谁也不能例外。其劳动态度一般要经历以下四个阶段，有了这个心理认识，那么做起事来就会很方便：

（1）新异阶段。

在这个阶段，人都会对新的生活内容、工作环境、工作技巧、人际关系等产生一种新异感，从而冒出很多想法，往往产生新的打算和长远规划。此时，他们对工作有较高的积极性，愿意为之奋斗，并且会严格遵守纪律，认真完成所从事的各项工作。

（2）动荡阶段。

在这个阶段，会有许多矛盾产生。比如紧张定时的职业生活与就业前的松弛状态发生了矛盾，从而身心感到疲劳和枯燥；从前的职业理想与实际从事职业的相悖；美好的工作幻想与复杂的现实职业生活的冲突，凡此种种。于是就不可避免地产生了机械感和单调感，对工作感到难以应付，工作积极性渐渐消磨殆尽。

（3）适应阶段。

当人在职场中生活了一段时间后，随着人际关系沟通的顺畅，社会各方面信息的影响，以及对所从事职业的了解，人们就会感到一种习惯和适应，慢慢地认识了职业的价值和地位，心理上得到了一定的安慰和满足。

（4）稳定阶段。

当一个人对自己所从事的职业达到熟练掌握的程度时，他就充满了自信，工作起来更认真积极。这个时候，也会得到领导的重视、同行的承认。在这种形势下，人们便形成了稳定的劳动态度。

一个人适应职业工作需要一个过程，也就是从不适应到适应的过程。可以说，不适应职业环境是一种正常的阶段。对于这种问题，只要有足够的心理准备就可以了，不必有过多的压力。

❀ 人生感悟 ❀

人的职业环境不是静止不变的，随着社会向着多样化发展，职业环境也常处于变动之中。这是个人力量所不能改变的，要适应变化着的工作环境，就必须经常自我调节，不断根据变化的环境和社会需要来做出判断分析，从而学习新知识，掌握新本领，调整与新环境不相适应的东西，做到从容应对。

对待工作要积极上进

在公司里，影响员工的不可知因素很多，但不管是什么因素，你都应该以勇敢坚定的姿态，寻找有价值有意义的工作，来磨炼自己，因为对你来说这才是最重要的事情。

（1）不在乎闲言碎语。

作为一名员工应该积极努力地去做自己应该做的事，完全没必要把一些恶意的批评与中伤，视为变形的歧视，更不能受到它们的影响。如果有人批评你，那么表示你还有价值，你应该为这些批评感到高兴和自豪，而不是情绪的波动。

谣言的繁殖速度是非常快的，它如同细菌无孔不入。但谣言杀伤力的大小，则完全取决于一个人的品格修养。对于一个品格高尚的人来说，即便无数次听到关于自己的谣言，也绝对不会为之动气，他会保持沉默，深吸一口气，然后闭口不语。因为他知道自己无法左右别人说话的权利，别人有说话的自由。只要自己行得正，有信心，那么根本没有必要为暂时的误解而担心，因为事实与真理，会随着时间的推移有个公平的解释。

（2）不做撞钟和尚。

工作是严谨的，也是认真的，如果稀里糊涂或是装模作样地工作，最终受害的还是你自己。一天的工作要有详细的安排，这样既不会太累又能很好地完成工作，每天都有充分的自由时间，不但可以松弛精神上的紧张，还可以做自己想做的事。

在工作中不断地充实自己，才不至于失去发展的机会，才会有所作为，绝不能抱有"做一天和尚撞一天钟"的消极态度，那样有百害而无一益。

（3）要积极上进。

有希望就有失望，消沉是不可取的人生态度。在"落难"期间，也许会遇到同病相怜的"难友"，双方绝不可来往过于频繁，否则不但解决不了问题，还有可能使自己变得更加消沉，那是非常可怕的结果。

无论遇到什么样的事情，都没有必要将自己沉浸于消沉的世界里，否则，即使你有转变成平常人的条件，也会因内心的悔恨和消极而沦为不求进取的人。

❖✿ 人生感悟 ✿❖

工作是人生的一个舞台，你要做的就是不断地磨炼自己，使自己变得更强大，更有价值，改变可以改变的，接受无法改变的，不要浪费了自己的精力和青春。

在工作中寻找乐趣

很多人都有这样的感觉，在做自己喜欢的事时，很少感到疲倦。比如你喜欢钓鱼，到湖边去钓鱼的时候，也许整整在湖边坐了十几个小时，你也一点都不觉得累，原因就在于钓鱼是你的兴趣所在，从钓鱼中你享受到了快乐。一个人如果产生了疲倦的感觉，那么可能是对生活厌倦了，或者是对某项工作厌烦了。这种心理上的疲倦感往往比肉体上的体力消耗更让人痛苦，让人心力交瘁。

一位心理学家曾经做过一个实验。他把20个人分成两个小组，每组10人，让一组人从事他们感兴趣的工作，另一组人从事他们不感兴趣的工作。很快他就发现，从事自己不感兴趣的那组人开始出现小动作，尔后就是抱怨头痛、背痛；而另一组人正积极乐观地忙碌。这个实验提示人们：人们疲倦的原因往往不是由于工作本身造成的，而是产生于工作中的乏味、焦虑和挫折，这些东西消磨了人对工作的活力与积极性。

很多人常常把自己的想法强加于既成的事实。实际上，很多事情并不是自己所想象的那样，大部分都是自己的想法在作祟。有一句名言说："人之所以不安，不是因为发生的事情，而是因为他们对发生的事情产生的想法。"也就是说，兴趣的获得也就是个人的心理体验，而不是发生的事情本身。

🌸 人生感悟 🌸

林肯说："只要心里想快乐，绝大部分人都能如愿以偿。"事实也正是如此，生活中，只要你愿意，就能寻找到乐趣。

小差别拉开大距离

小秦和李明差不多同时受雇于一家大型农贸市场，二人开始干的都是一样的工作，从最底层干起。但不久后，小秦好像受到总经理的特别青睐，一再被提升，实现了职场的三级跳，从职员到领班最后直到部门经理。李明却一直在最底层混，而且也没有提升的迹象。李明始终不明白，自己工作能力并不比小秦差，可是为什么呢？他反问自己。终于有一天他忍无可忍，向总经理提出辞呈，并表达了对总经理的强烈不满，抱怨说辛勤工作的人不提拔，倒提拔那些吹牛拍马的人。

总经理耐心地听着，他了解李明这个人，工作肯吃苦是毫无疑问的，但似乎还缺了点什么，缺什么呢？一时还讲不清楚，凭口说他也不服。这时，总经理忽然有了个主意，这也许能够让李明知道他为什么不被提拔了。

"李明"，总经理说，"现在你马上到集市上去，看看市场上有什么卖的。"

李明点头应是，迅速跑了出去。他很快就从市场回来了，说道："刚才集市上只有一个农民拉了一车白菜在卖。"

"那车白菜大约有多少袋，多少斤？"总经理问。

"这个……我还没有问。"说完，李明又跑去，回来后说有40袋。

"价格是多少？"李明还是不知道，无奈再次跑到市场上。

李明回来后，总经理望着跑得气喘吁吁的他说："你先休息一会吧，看看同样的一件事情，小秦是怎么做的。"说完叫来小秦，对他说："小秦，你马上到集市上去，看看今天有什么卖的。"

小秦也很快从集市回来了，他向经理说："市场很冷清，到现在为止只有一个农民在卖白菜，有40袋，价格适中，质量还不错，同时我还带回两棵白菜让总经理看看。另外，这个农民告诉我，过一会儿，他还将运来几箱西红柿，据我看价格还比较合理，可以进一些货。感觉经理也需要一些，所以我就留下了那个农民的电话，什么时候要可以给他打电话。"

这时，总经理看了看脸红的李明，认真地对他说："职位的升迁不仅是要靠肯吃苦，而且还要靠能力，靠工作中的细节。眼下你最好再学一段时间，看看别人都是怎么做的，你就会进步了。"

通过这则故事我们发现，在以能论职的同时，要想提高自己的能力，必须关注工作中的每一点，并且要善于向他人学习。

生活中，很多人在训斥别人不会办事时，常说这样的话："你没吃过肥羊肉，还没看过肥羊跑吗？别人办事为什么那么好，你不会，难道还不会学吗？"说这样话的人，虽然有点自以为是，但却清楚地点明了一个简明而实用的道理：那就是通过仔细地观察周围的人和事，可以学到很多办事的技巧，提高自己的能力。

话还得说回来，一个人办事是否周全、细致、圆滑，固然与他的天生素质有关系，但这并不是绝对的。事实上，那些受人欢迎，办事能力强的人，有很多东西都是经过后天学习、培养、锻炼出来的，绝非天生的。

俗话说，处处留心皆学问。生活中，工作间，每个人身边都有能说会道、办事干练的人，这些人的言行举止都是我们应仔细注意观察和学习的。学习他们如何与领导说话，如何求同事帮忙等。然后，动动脑筋分析一下他们这样做的原因是什么，看看他们这样做达到了什么样的效果。从而尽量去借鉴他们成功的方面，避免失败的方面。这样，时间长了，你也就能成为会办事的人了。

有一位著名舞蹈家冯先生对北京某大酒店的一位门厅服务员，就曾做过细心的观察。当他第一次来到该酒店的时候，这位服务员向他微笑致意："您好！欢迎您光临我们酒店。"时隔不久，当他第二次来到该店的时候，这位服务员马上就认出了他，边行礼边说："冯先生，欢迎您再次到来，请里边走。"随即陪同冯先生上了楼。几个月后，当冯先生第三次来到该酒店大门时，那位服务员笑容满面："欢迎您又一次光临。"冯先生十分高兴地对他的朋友说："不呆板，不机械，很灵活，工作很仔细！"

这位服务员应当受到如此表扬。他不仅能够根据实际情境的变化运用不同的客套话，而且观察仔细，充分展示了他对工作的热爱和说话艺术的驾驭能力。

❀ 人生感悟 ❀

人与人之间的差距，更多体现在思想方法上，虽然初始时就那么一点点，但日积月累就越拉越大。所以，当你发现自己与他人的差距时，要及时总结，方能迎头赶上。

具备好心态才有好成绩

小孙和小段是大学的同学，毕业后同时来到一个城市工作。半年后，两人都小有成绩，但小段始终不满意自己和公司的状况。

有一天，小段对小孙说："我要离开这个公司了。我恨这个公司，各方面都不如人意。"

小孙笑了，建议道："我举双手赞成你的决定，坚决地支持你，给公司点颜色看看。不过你现在暂时不要离开，现在还不是最好的时机。"小段感到不解，问："那是为什么呢？"

小孙说："如果你现在走，公司的损失并不大。你应该趁着在公司的机会，努力去为自己拉一些客户，成为公司独当一面的人物，然后再带着这些客户突然离开公司，那么公司就会受到很大损失，这岂不发泄了你的不满情绪。"

小段觉得小孙说得非常有理。于是抛弃了一切杂念，开始努力工作。事遂人愿，经过半年多的努力工作后，他果然获得了许多忠实的客户，在公司里也成了一个引人注目的焦点人物。

再见面时，小孙了解了小段的情况后，说道："现在是时机了，要跳赶快行动！离开这家公司吧。"

小段淡然笑道："老总已经跟我长谈过，准备升我做业务主管，我暂时没有离开的打算了。"

❧ 人生感悟 ❧

只有付出大于得到，让老板真正看到你的能力大于你的位置，才会给你更多的机会，从而为他创造更多的利润。你也会因此实现自己的人生价值。

放下身份，机会才能更多

有这样一位大学生，在校时成绩很好，老师、同学和家长对他的期望也很高，认为他必将做出一番成就。

事实证明，大家没有看错，他的确取得了成就，但不是在仕途上，也不是在跨国公司里，而是开餐厅开出了成就。

毕业后，当得知家乡的夜市有一个摊子要转让时，他仔细考虑后，就向家人"借钱"，把它买了下来。因为他对烹饪很有兴趣，便自己当老板，开起了饭店。他的大学生身份曾招来很多人诧异的目光，人们的好奇，也为他招来不少生意。而他自己也从未对自己学非所用及高学低用产生过怀疑，依然认真地做了下去。

经过几年的努力，他的餐厅经营得红红火火，同时还做起了投资，收入比一般人不知高多少倍。

那个大学生如果不去开餐厅或许也会很有成就，但无论如何，他能放下大学生的架子，还是很令人佩服的。生活中，我们没有必要学他去做类似的事情，但在必要的时候，实在也要有他的勇气、决心和从容的心态。

人的"身份"是一种"自我认同"的感觉，这并不是什么坏事，但这种"自我认同"也是一种人为的"自我限制"。换句话说，可以理解为：因为我是这样的人，所以我不能去做那样的事。一般来说，自我认同越强的人，自我限制也越牢固。比如，富贵的小姐不愿意和侍女共同用餐，一名硕士不愿意当基层业务员，知识分子不愿意去做体力劳动的工作……因为在他们的意识里，如果那样做，就降低了他的身份。

事实上，放不下"身份"的人，只会将路越走越窄。这并不是说有"身份"的人就不能取得成就，但有一点是需要考虑的，那就是在非常时刻，如果还顾及自己所谓的身份，那么所走的路就有可能进入死胡同。如果能放下你的架子，那么路就会越走越宽，生活也会因此而改变。

如果想在社会上真正地走出一条路来，活出从容快乐的人生，那么你就要放下自己的架子，不要再背着学历、家庭背景，让自己回归"普通人"。另外，也不要在乎别人的眼光和批评，做你认为有意义的事，追求你所爱的东西。

人生感悟

能放下自己高贵身份架子的人，他的思考富有高度的弹性，不会有刻板的观念，能吸收各种新鲜的事物，丰富自己的头脑和智慧，这将是他最重要的本钱。放下架子能比别人早一步抓到好机会，而且抓住的机会也会更多，因为他没有身份的顾虑。

凭能力吃饭，不要心存歪念

工作中，如果领导或者老板，因为你的阿谀奉承拍马逢迎而赏识你，而不是因为你的能力，那么他就不是一个好领导、好老板。跟着这样的人工作，你也许能得到暂时的满足，但将来你的日子肯定不会好过。

当今社会，官本位现象仍然严重。在一些单位，由于所有的事情都是领导说了算，一些人认为，不管工作能力如何，只要巴结好领导，找到了靠山，就能步步高升。有这种想法的人不把主要精力放在工作上，不考虑怎样在工作上干出成绩，而是在想如何靠上某个领导，为自己捞取利益。

这种人在短时间内会活得很自在、很滋润，但这种情况不会永远持续下去，靠山无论是自己倒下还是被别人推倒，总有倒的那一刻。从更广阔的范围来讲，社会在朝着一个更积极、更文明的方向发展，人们的观念也在更新。那么，你也得顺应这种变化，不要因为有了靠山而沾沾自喜，到时候耽误的只能是你自己。

当然，并不是说不能与领导走得近一些，恰恰相反，你与领导、老板走得近些，领导对你的了解就会比其他人多，对你的业务能力、为人、工作态度等都会有一定的了解，这样你的机会就多了一些。这绝对是一件好事。只是有一点需要搞清楚，与领导走得近，不一定非得要像一只摇尾乞怜的狗，而应该做一个堂堂正正的有尊严的人。

聪明的人会把精力放在工作上，在工作上干出成绩，而不是费尽心机地去找靠山。尽管我们在生活中遇到过给那些真正干事情、做工作的人穿小鞋的情况，但是绝大多数领导的眼睛还是明亮的。

相信自己，相信自己的努力，凭自己的能力吃饭。只要你在工作上做出了成绩，只要你的能力强，你就找到了工作、生活中最牢固的靠山。

及时改进，切勿得过且过

工作虽然对每个人都很重要，但总有一些人在从事一项工作时，得过且过，甘愿做一个掉在队伍后面的人。他不能根据自己的强项，积极努力去做得更好，因此经常是大事做不了，小事做不好。

当你已经踏入社会并工作了一段时间后，会发现一种现象：有些人总是受人敬重，有些人就是被人看不起。那些被人看不起的人也许日后会出人意料地有所发展，但绝大多数还是不会有什么太大的变化。

一旦你走上工作岗位之后，那么工作就是你一生的重头戏，因为你要靠它来生存，来养家糊口。要真正地提高自己的生存质量，就必须在工作中充分发挥自己的才能，实现自我的价值。因此，一定要有这样的意识：别在工作上被人看不起。被人看不起虽然不一定会影响你的一生，但绝对不是一件对你有意义的事，它只会起到消极的作用。

多数情况下，工作上被人看不起的人大致有以下几种：

（1）混日子型。

这种人从来都不把工作当回事，不但表现不积极，即便是犯了错也不在乎。心里总是认为工作只是混饭吃，于是就有了一种"此处不留人，自有留人处"的态度。虽然别人看不惯这种人，可是他每天准时上下班，对人又客气，同事又抓不到他的小辫子。有这种心态的人，自己好像过得很舒服，其实别人并不重视他。

（2）看轻工作型。

这种人常有一种怀才不遇的态度，心里一直在认为"这工作有什么了不起？"或是"这职位有什么了不起？"他们虽然看轻自己的工作和职位，但是又不愿意走，这样的行为自然会被其他兢兢业业工作的同事所不耻，于是被人看不起就很正常了。

（3）迟到早退型。

每个人都免不了有迟到早退的时候，但绝不能经常如此。如果一个人经常迟到早退，尽管老板有时不知道，但同事们却在乎，因为他们觉得那样很不公平。而自己又不习惯那样做，还没资格说你，在拿你没办法的情况下，就会看不起你了。

（4）浑水摸鱼型。

这种人机灵且狡猾，看起来工作很积极，也很认真，其实都是在做样子，他从来不承担责任，但却都有好处可得。这样的人虽然能言善道，在表面看来人缘也不错，但实际上，别人在心里是看不起他的。

也许你会认为，被人看轻就被看轻吧，有什么了不起，我不在乎。其实被人看轻，对于别人来说没有什么损害，而对你自己却没有什么好处。如果你因不敬业而被人轻视，那么这些评语会到处传播，这对你以后的发展是相当不利的，甚至找新的工作都会受到影响。另外，如果你不敬业，即便别人不传播你的缺点，那对你也没有好处，因为你无法从工作中汲取更多的经验和知识，时间一久，就会养成一种不敬业的习惯，那你想出头恐怕也没有机会了。

工作上被人看不起，与自己的工作态度有直接的关系。退一步讲，如果你能力不是很强，但拼劲十足，人们照样会尊敬你。但任何人都不会尊敬一个能力很强，工作态度不认真的人。如果你能力平平又不敬业，那情况就更可想而知了。

要想改变自己在工作中被人看不起的状况并非是一件难事。每天只要你下定决心：力求在工作上做得更好些，比昨天有所进步，而晚上离开办公室前，又计划好明天的事情，这样用不了多长时间，你的工作必定会有大的进步。

❀ **人生感悟** ❀

对自己的工作，要随时随地进行改进，做到从大处着眼，小处着手，就能收到很好的成效。每天都问自己："今天我应该在哪里改进我的工作？"

如果你能在事业起步阶段就把这句话作为自己的座右铭，那么它将会对你产生无穷的影响力。

谦虚工作，避免张扬

李明在大学学的专业是投资管理，毕业后很顺利地进了一家投资咨询公司。在应聘这份工作时，公司老板对他说，虽然公司目前不大，但可以给他充分的施展才华的空间和机会。

进入公司后，老板果然没有食言，没多久李明就被任命为市场部的副经理，负责拓展客户。这一职务相当具有挑战性，有一定的难度。李明没有胆怯，他年轻有闯劲，再加上丰厚的专业知识，逐渐为公司打开了局面。在一段时间里，李明拓展的客户竟占了公司新增客户总量的一半以上。老板非常高兴，过来过去总要拍拍李明的肩膀，有事没事还拉上李明去喝酒，外出有什么活动，也会把李明带上。在别人的眼里，老板和李明的关系超过了老板和员工的关系，似乎是好哥儿们。因此，公司的人私下里说，只要公司里人事变动，李明肯定会升为市场部经理。甚至还有人说，市场部经理算不了什么，对李明来说，公司副总经理的位子也是有可能的。

李明自己也志得意满，跃跃欲试准备大干一番。老板的器重，使他觉得自己对于公司很重要，言下之意，除老板之外，公司再也无人能与他相比，即便是那个与老板沾亲带故的副总似乎也不值得一提。

没过多久，公司果然出现了人事变动，市场部经理离开了公司。这下，人人都以为李明必是市场部经理无疑，可结果出人意料，老板并没有让李明升任市场部经理，而是花高薪从其他公司市场部挖了一个人来担任市场部经理。这让李明很失望，也非常不满，他不好直接表露自己的想法，便想了一个办法：提出要休假，说以前太累了，想放松一下。这明摆着是在提醒老板，自己对公司来说是很重要的。老板考虑了一会儿，很爽快地同意了。

李明想：自己的努力却得来这样一个结果，自己这一休假，要不了两天公司就得乱套，到那时，老板一定会主动请他回来。

一个月后，李明回到公司，公司一切正常，并没像他想象的那样。当他去老板办公室销假时，老板仍像以往一样，热情地拍拍他的肩膀笑道："假期过得怎么样？"李明终于明白了，老板的热情不过是一种用人的技巧而已，自己并没有想象的那么重要。

"谦虚使人进步，骄傲使人落后"。谦虚的人，常常会把自己摆在较低的位置，向他人学习自己身上不具备的优点；骄傲的人，常常将自己置于他人之上，张扬、自满的情绪自然会侵蚀他谦虚的本性，使自己陷入虚荣的包围圈。

❀ 人生感悟 ❀

有一句谚语说：天使能够飞翔是因为把自己看得很轻。对于每个人来说，要飞翔就需要谦虚谨慎地工作、学习，不要把自己看得太重。

始终怀有进取之心

拿破仑·希尔曾经聘用了一位年轻的小姐当助手，替他拆阅、分类及回复他的大部分私人信件。当时，她的工作是听拿破仑·希尔口述，记录信的内容。她的薪水和其他从事类似工作的人大致相同。

有一天，拿破仑·希尔口述了下面这句格言，并要求她用打字机把它打下来："记住，你唯一的限制就是你自己脑海中所设立的那个限制。"

当她把打好的纸交给拿破仑·希尔时，她说："你的格言使我获得了一个想法，对你、我都很有价值。"

这件事并未在拿破仑·希尔脑中留下特别深刻的印象，但从那天起，拿破仑·希尔可以看得出来，这件事在她脑海中留下了极为深刻的印象。她开始在用完晚餐后回到办公室，并且从事不是她分内而且也没有报酬的工作，开始写回信，并把写好的回信送到拿破仑·希尔的办公桌上。

她已经研究过拿破仑·希尔的风格。因此，这些信回复得跟拿破仑·希尔自己写的没有什么大的区别，有时甚至更好。她一直保持着这个习惯，直到拿破仑·希尔的私人秘书辞职为止。当拿破仑·希尔开始找人来补这位秘书的空缺时，他很自然地想到这位小姐。但在拿破仑·希尔还未正式给她这项职位之前，她已经主动地接收了这项职位。由于她在下班之后，以及没有支领加班费的情况下，对自己加以训练，终于使自己有资格出任拿破仑·希尔属下人员中最好的一个职位。不仅如此，这位年轻小姐的办事效率太高了，拿破仑·希尔已经多次提高她的薪水。不久后，她的薪水已是她当初来拿破仑·希尔这儿当一名普通速记员薪水的4倍。她还能从容地完成拿破仑·希尔交给她的一些"份外"的工作，并使拿破仑·希尔满意。她使自己变得对拿破仑·希尔极有价值，正因为这样，拿破仑·希尔不能失去她这个帮手。

这样的进取心就是把工作当成是自己事情的收获。正是这位年轻小姐的进取心，使她脱颖而出，可谓名利双收。

拿破仑·希尔告诉我们，进取心是一种极为难得的美德，它能驱使一个人在不被吩咐应该去做什么事之前，就能主动地去做应该做的事。胡巴特对"进取心"作了如下的说明："这个世界只愿对一件事情赠予大奖，那就是'进取心'。"

什么是进取心？就是主动去做应该做的事情，把工作当成自己的事情。仅次于主动去做应该做的事情的，就是当有人告诉你怎么做时，要立刻去做。

还有一种人，只在被人从后面踢时，才会去做他应该做的事。这种人大半辈子都在辛苦工作，却又抱怨运气不佳。

最后还有更糟的一种人，这种人根本不会去做他应该做的事。即使有人跑过来向他示范怎样做，并留下来陪着他做，他也不会去做，他的大部分时间都在失业中。即便他依靠父母亲人来资助，命运之神也会拿着一根大木棍躲在街头拐角处，耐心地等待着。

❧ 人生感悟 ❧

　　把工作看成是自己的事情，就要求你不仅要做好份内的工作，还要积极主动地承担一些份外工作。这样长期下去，你不仅能把工作做好，而且还锻炼了一些额外的能力。如此既帮助你通过工作上的种种测试，也有助于你正确面对突发的情况。

马马虎虎无异于懈怠工作

张玮大学毕业后，被分配到一家规模较大的企业工作。在学校，各方面表现都十分出众的她，对自己的第一份工作也充满了信心，认为自己一定能够得到公司领导的重用。可是，出乎她的意料，她的职位虽然是秘书，但公司内的一些杂活如端茶倒水，整理文件的事情都要她做。为此，她感到十分的失望。日子一天天过去，张玮的工作积极性逐渐消失，工作的时候变得马马虎虎，总是丢三落四。

有一天，总经理对她说："把我上次交给你的那份文件取来，我现在急需要它。"

张玮见总经理着急的样子，便知道这份文件对他非常重要，于是便手忙脚乱地寻找那份文件。但由于文件又多又乱，她并没有及时找到总经理要的那份文件。

一会儿，总经理再次敲开了门，看着杂乱的文件堆和焦急的她并没有说什么，就动手帮她找了起来。一番努力之后，那份文件终于被他们找到了。总经理对她说："这里的文件乱成这个样子，也不好好地整理整理。还好，我要的这份文件找到了，否则不知道会给公司带来多大的损失。"说完后，经理离开了办公室。

张玮感到自己很委屈，起身去了洗手间。在那里，她看见一位大妈正在卖力地用墩布拖地。被她擦过的地板光亮得似乎可以照出人来，可是她好像并不感到满意，又重新拖那片已经干净了的地板，而且一边干着活还一边哼着歌。

张玮不理解大妈的行为，便问："大妈，干这样累的活，你怎么还那么高兴啊？难道你不感觉厌烦吗？"

大妈徐徐地直起腰，一边用手捶着腰一边说："怎么能不累呢。但是，这是在工作，总不能像在家里那样随便地应付吧！再说，当人们来这儿的时候，看着这么干净的地板心情也会变得愉快呀！"张玮被眼前这位朴实大妈的一席话触动了，脸不由得红了起来。

工作中，最忌讳的就是马马虎虎，因为那不但暴露了你的工作缺陷，而且将你的工作态度展现得一览无余。所以说，无论做什么工作都要尽心尽力，即使是自己不喜欢的工作，也要尽力将其做好。

向有经验的人学习

刚刚毕业的博士被分到一家研究所工作，成为同事中学历最高的一个人。

有一天研究所内组织活动，到单位后面的小池塘去钓鱼，博士生选择了一个环境优美的地方，不料正副所长分坐在他的左边和右边，正在专注地钓鱼。

他只是象征性地与两位所长打了个招呼，想：对两个本科生，有什么好聊的。

一会儿，正所长放下钓竿，伸伸懒腰，"蹭蹭蹭"从水面上走到对面的厕所。

博士生眼睛都看直了。莫非正所长有水上漂的神功？不会吧？这可是一个池塘啊。

正所长上完厕所同样也是"蹭蹭蹭"地从水上漂了回来。博士生看得傻了眼，这到底是怎么回事？出于面子，博士生又放不下高学历的架子，向一个本科生去请教，结果只是默默地低下头钓自己的鱼。

没过多久，副所长也起身去厕所。结果同正所长一样，"蹭蹭蹭"地飘过了水面。这下子博士差点昏倒：怎么会这样？莫非自己身处一个江湖高手云集的地方？

正在嘀咕之时，博士生也想去厕所了。可是池塘两边有很高的围墙，去对面的厕所没有十分钟都不可能到达，回单位又太远，这可怎么办呢？自己又不愿意去问两位所长，忍了半天后，情急之下他提起裤脚也往水里跨：只听"扑腾"一声，博士生一头栽到了水里。

幸好两位所长离他不远，及时把他拉了上来。正所长问："你为什么要往水里跳啊？"博士生问他："为什么你们可以走过去呢？"

　　两所长相视一笑说："因为这池塘里有两排木桩子，由于下雨水面漫过了木桩，我们都知道这木桩的位置，所以可以踩着桩子过去啊！可你为什么不问一声呢？"

　　学历不等于能力，有了很高的学历不一定就高别人一筹，因此也没有必要向别人炫耀些什么。如果只因为自己的学历比别人高，就认为自己高高在上，那么这样的人可谓愚蠢之人了。

❀ 人生感悟 ❀

　　三人行必有我师。任何人都不是完美的，在竞争激烈的现代社会，如果还摆高学历的架子，那就等于是向失败张开怀抱。学历代表过去，只有学习力才能代表将来。尊重有经验的人，向有经验的人学习，才能少走弯路。

第四章　艰难困苦　成长历练的基石

人生短者几十年，长者百余年。大多数人都要经历一些艰难困苦。但是，从艰难困苦中走出来，坚强的人则有一番别样的滋味。生命如同奔流的河水，不遇顽石、暗礁，就不会激起美丽的浪花，也不会到达理想的境地。前进的道路越泥泞、越坎坷，生命的足迹就越深刻、越珍贵。正如先人尊崇的那样：天行健，君子以自强不息；地势坤，君子以厚德载物。

相信一切困难都会过去

詹姆斯的父亲生重病时已经70岁了，他曾经是全州的拳击冠军，由于有着硬朗的身子，身体能够抵御一定疾病的缠绕，所以才一直挺了过来。

有一天晚饭后，詹姆斯的父亲把全家人召到病榻前，他的病情日益恶化，自己已知时日不多了，他一阵接一阵地咳嗽，脸色显得苍白，说话也有气无力。他艰难地看了每个人一眼，缓缓地说："我给你们说一件事情，那是在一次全州冠军对抗赛上，对手是个人高马大的黑人拳击手，而我个子矮小，明显处于劣势，一次次被对方击倒，牙齿被打掉了一颗。休息的时候，教练鼓励我说：'詹姆斯，你能行，而且能挺到最后一局！'我说：'我会坚持住的，我能应付过去！'当时，我的身子像一块巨大的石头艰难地挪动着，对手的拳头击打在我身上发出空洞的声音，我感到害怕。跌倒、爬起，爬起后，又被击倒，就这样反复着，我终于熬到了最后一局。对手胆怯了，我开始了真正的反击，你们也许体会不到，我是在用我的意志打击，长拳、勾拳、重拳，我们两人的血混在一起，血腥味伴着人们的呼喊声更激发起我的斗志。我的眼前有无数个影子在晃，我终于找准了机会，狠命地一击……他倒下了，而我终于挺过来了。最终我获得了我职业生涯中唯一的一枚金牌。"

就在他说话间，又咳嗽了起来，汗珠滚滚而下。他把手搭在詹姆斯的手上，微微一笑："孩子，不要紧，才一点点痛，没什么事，我能应付过去。"

第二天，詹姆斯的父亲就因咳血而亡了。那段日子，可以说是非常的艰难，由于发生了经济危机，詹姆斯和妻子都先后失业了，经济状况非常困难。那个时候，父亲又患上了肺结核，因为没有钱支付高昂的医疗费用，请不来大夫医治，又没有其他办法，只好一直拖到死。

父亲死后，家里的境况更加艰难，度日如年。詹姆斯和妻子每天都在外面奔波找工作，当晚上回来的时候，失望大于希望，彼此面对面地摇头。但是，在这种艰难的条件下，他们也没有气馁，而是互相鼓励："不要紧，我们会应付过去的，一切都会过去。"

后来，詹姆斯和妻子都重新找到了工作。每当他们坐在餐桌旁静静地吃饭时，他们就会想到父亲，想到父亲的那句话"我能应付过去"，并且把它作为生活的座右铭。

把困难踩在脚下

　　有一天，农夫的驴子不小心掉进了枯井里，农夫为此大伤脑筋。他绞尽脑汁地想办法也救不出驴子，几个小时过去了，驴子仍然在枯井里痛苦地哀号着。无奈之下，农夫只好决定放弃，他想："反正这头驴子年纪也大了，花费太大的力气去救它出来也没有什么价值了，不过这口井早晚还是得填起来，还不如现在就把井填了。"于是，农夫请来邻舍们准备帮助他将驴子埋了，一方面帮它解除痛苦，另一方面把这口井填平。邻居们开始铲土往枯井中填。这时候，聪明的驴子很快就领悟到了主人的用意，开始凄惨地叫了起来。但出人意料的是，一会儿驴子就安静下来了。

　　农夫好奇地探头往井底一看，顿时赞叹自家驴子的智慧。当人们将土扔到驴子的背部时，驴子的反应却令人称奇———它将泥土抖落在一旁，然后再将土踩在脚下。人们不断地填土，驴子就不断地踩。就这样，驴子将人们铲到它身上的泥土全数抖落在井底，然后再站上去。没过多长时间，驴子就上升到井口，在场围观的人无不用惊讶的表情看着刚刚自救成功的驴子。

才干，磨炼人的耐性及承受能力。只要你能坚持不懈，困难自会低头，成为磨炼我们坚强性格的磨刀石。

无论发生什么，都要从容面对

如果一个人在不惑之年，意外被烧得不成人形，几年后又因一次坠机事故导致腰的中部以下全部瘫痪，你想他会怎么办呢？很多人也许就此一蹶不振，甚至失去了继续生活下去的勇气。

但有一个人却坚强地活了下来，而且变成了百万富翁、受人爱戴的公共演说家、洋洋得意的新郎官及成功的企业家，并在政坛角逐了一席之地。

这个人就是布郎。在经历了两次可怕的意外事故后，他的脸因植皮而变成一块彩色板，手指也没有了，双腿变得非常细小，无法行动，只能瘫坐在轮椅上。

在一次机车意外事故后，他身上一半的皮肤被烧坏了，为此他动了10多次手术。尽管手术做得不错，但术后他却无法自己吃饭，无法拨电话，也无法一个人上厕所。但作为一名曾经的军人，布郎从不认为自己被彻底打败了。他曾乐观地对朋友说："我完全可以掌控我自己的人生之船，我可以选择把目前的状况看成倒退或是一个新的起点。"

布郎为自己买了一幢维多利亚式的房子，另外还置了房地产、一架私人飞机及一家酒吧。经过几年的发展，他和朋友合资开了一家公司，专门生产以木材为燃料的炉子。在与朋友的共同努力下，他们的公司变成了当地第二大私人公司。

布郎不屈不挠的精神和坚强毅力，使他达到了最高限度的独立自主和正直的品格，他被选为当地的镇长，主要从事环保工作。

尽管他的面貌骇人、行动不便，但布郎依然时常泛舟，同时因为他的人格魅力，使他坠入了爱河且完成终身大事。后来他拿到了公共行政硕士的毕业证书，并且一直坚持他的飞行活动、环保运动及公共演说。

布郎屹立不倒的正面人生态度和积极乐观的精神，使他得以在许多著名的节目中露脸，同时也登上了很多知名杂志和报纸的风云人物榜。

布郎对采访他的记者说："我瘫痪之前可以做1000件事，现在我只能做900件了，但是我可以把注意力全部集中在我无法再做的100件事上，或是把精力放在我还能做的900件事上。我的人生虽然遭受过两次重大的挫折，但是我却不能把挫折拿来当成放弃努力的借口。因为无论发生什么，那都没什么大不了的，一切都可以重来。"

世界上有幸运，也就会有不幸。当不幸来临时，无论发生什么事，也不要大惊小怪或者自暴自弃，而是要保持一种积极向上的心态和顽强的拼搏精神。当灾难来临时，你要对自己说：这没什么大不了的，我依然可以做以前想做的事，而且会把能做的事做得更好，我不会就此沉沦下去。

积极地面对所失去的

几年前，一块手榴弹片戳进了弗兰克斯少校的左腿。医生诊断后，认为必须做截肢手术。

听到这个消息，弗兰克斯痛苦不堪。他毕业于西点军校，在校时是棒球队队长。他曾下定决心终身从军，不过依照现在的情形来看，他的梦想将成为泡影，退伍才是唯一的选择。尽管他觉得自己具有很多东西依然可以贡献给部队，可是他也清楚地了解到受过重伤的军人很少能重回战场。因为他们每年必须通过一次健康考核，而自己身有重残，每当想到这里，弗兰克斯就悲痛难忍。弗兰克斯在痛苦中出院了，他望着自己曾经奔跑过的棒球场，为自己不能在棒球场上一展雄姿而流下了热泪。

有一天，弗兰克斯为了找回昔日的美好回忆，带着假肢登上了棒球场。在等候击球轮次时，弗兰克斯注意到一名队友滑进了第三垒。他想：假如换作我，会如何呢？

轮到他击球时，他一棒把球击到了场中央。他挥手示意替其跑垒者让开，然后自己迈动僵硬的腿，痛苦地向前奔跑着。在第一垒和第二垒之间，他瞅见外场手将球抛向第二垒的守垒员。他闭上眼，使出全身的力气往前冲，一头滑进了第二垒。随着裁判的一声"安全入垒"，弗兰克斯开心地笑了。

几年后，弗兰克斯欲率领一个中队穿越恶劣的地形进行战地训练。

可是，上司用疑惑的眼神看着他那条假肢，弗兰克斯没有因上司异样的眼光自卑，而是用实际行动给予了肯定的回答。他说，"每当我的假肢陷入泥泞时，我就叮咛自己'这便是你无腿可站时的情形'。"

现在，弗兰克斯通过自己的艰苦努力已晋升为四星上将。他对自己的成功是这样说的："我的遭遇让我认识到：困难不分大小，完全取决于你的态度，你用消极的情绪去迎接困难，即使困难再小也显得很大；你用积极的情绪去面对它，再大的困难也不算什么。当你走出失去的阴影时，才能发现原来自己并非一无所有，只是失去身体上一个小小的部分，还有许多其他的东西可以供你好好地生活。"

🌺 人生感悟 🌺

　　有的人眼睛往往只看到自己当前所失去的东西，并为此沉浸在想得到却难以得到的痛苦之中。而积极乐观的人，他们只看到并珍惜现在所拥有的，所以他们能够充分地享受生活带来的快乐。要活得快乐，活得从容，就要走出失去的阴影，将精力放在所拥有的事物上，这样无论在什么时候，都能感受到光明、美好和快乐的生活。

坚忍地挺过，就是强者

多年以前，英国劳埃德保险公司曾从拍卖市场买下一艘船。这艘船有着传奇的经历，它在1894年下水，在大西洋上138次遭遇冰山，116次触礁，13次起火，207次被风暴扭断桅杆，尽管经历了那么多的磨难，但它从来没有沉没过。劳埃德保险公司看到它不可思议的经历及在商业上带来的可观收益，最后决定把它从荷兰买回来捐给国家。

不过，这艘船虽有那么多的经历，但使它名扬天下的却是一名来此观光的律师。当时，他刚打输了一场官司，不幸的是他的委托人也因此自杀了。尽管这种情况比较常见，既不是他的第一次失败辩护，也不是他遇到的第一例自杀事件。但是，每当他遇到这样的事情时，一种负罪感始终萦绕在他的心头。他曾经想了很多办法，但一直不知该怎样安慰这些在生意场上遭受了失败的人。

那一天，当他在萨伦船舶博物馆看到这艘船时，忽然产生了一种想法，让那些失败的人们来参观这艘船不是更好吗？于是，他就把这艘船的历史经历记录了下来，并获得了这艘船的照片，把它们一起挂在他的律师事务所里。以后，每当商界的委托人请他辩护的时候，无论最后的情况怎样，他都建议他们去看看这艘船，看看它的生命经历。

🌸 人生感悟 🌸

在大海上航行的船没有不带伤的，虽然屡遭挫折，却能够坚强地百折不挠地挺住，这就是强者生活的秘密。

勿沉湎于过去的不幸

多年前有两个孤儿，她们都有着亚洲的血统，后来都被来自欧洲的慈善家庭收养。

两个人都在世界上有名的学校学习过。但是，长大成人后，她们两个人之间存在着很大的差别：其中一位成了成功的商人，而且已经有了很大的名气；而另一个是学校的教师，收入不高，并且一直觉得自己做得很失败。

有一天，她们一起出去吃晚饭。谈话中，话题慢慢涉及在国外的生活状况。吃饭的几个人都有过周游列国的经历，所以他们谈论在异国他乡的趣闻轶事，感觉很轻松。随着话题的一步步展开，那位学校教师开始越来越多地讲述自己的不幸：她是一个可怜的亚细亚孤儿，经历了太多的不幸和苦难，如何来到遥远的欧洲等，她觉得自己是孤独的，是被人抛弃的。

开始的时候，人们还表现出了同情心。但是随着她的怨气越来越重，那位商人变得已经很不耐烦了。在忍无可忍的情况下，她把手一挥，制止了她的叙述："够了！你唠叨完了没有！你一直在讲自己有多么不幸。你有没有想过如果你的养父母当初在挑选孤儿的时候，没有选中你怎么办呢？"

教师看着商人说："你不知道，我的痛苦是如何造成的……"然后就继续描述她所遭遇的不公正待遇和坎坷的生活。

最后，商人打断了她的话，说："我不明白你为什么还在这么想，在我二十几岁的时候无法忍受周围的世界，我看不惯我周围的每一件事，我感觉每个人都不怀好意。那时候，我很伤心、很无奈，也很沮丧。我当时的状况和你现在的一样。"接着，她把话锋一转。说道："我劝你还是不要这样对待自己了，你是多么的幸运，你不必像真正的孤儿那样度过悲惨的一生，更重要的是你已经接受了非常好的教育。你负有帮助别人脱离贫困漩涡的责任，而不是找一堆自怨自艾的借口把自己围起来。以我自己为例来说，当我摆脱了顾影自怜，同时意识到自己是非常的幸运之后，我才能获得现在的成功。"

教师听了商人的话后，深受震动。因为这是第一次有人否定她的想法，打断了她的凄苦回忆。

商人和教师都曾经在生活中遇到过同样的障碍，但商人通过清醒的自我选择，把不利的因素转化为前进的动力，最后取得了成功，而教师却恰恰相反。

人生感悟

生活对每个人都是公平的，有悲就有喜。与其沉湎于过去的回忆，患得患失，不如思考一下怎样做才能改变生活，这才是最重要的。

困难只是暂时的

从前有一位国王，拥有至高无上的权势、享用不尽的荣华富贵，尽管如此，他并没有快乐的心情。他虽然能够主宰自己的臣民，却难以操控自己的情绪，莫名其妙的焦虑和忧郁经常让他闷闷不乐、寝食难安，不知道如何排遣自己的种种不快。于是，他召来了当时最负盛名的一位智者，要求他找出一句人间最有哲理的箴言，但这句话必须浓缩了人生的智慧，必须有惊人之效，能让人胜不骄、败不馁，得意而不忘形、失意而不伤神，始终保持一颗平常的心态。智者想了想，答应了国王，条件是国王将佩戴的那枚戒指交给他。

过了几天，智者将戒指还给了国王，但他强调：除非在万不得已的情况下，别轻易取出戒指上镶嵌的宝石，否则它就不灵了。

几个月后，邻国大举入侵，国王率部拼死抵抗，但最终由于寡不敌众，彻底地失败了。于是，国王率领着很少的一队人马四处亡命。

但是敌军穷追不舍，为逃避敌兵的搜捕，他藏身在河边的草丛中。他又渴又累，当他到水塘解渴的时候，猛然看到水中映出一个蓬头垢面、衣衫褴褛的人，不禁伤心欲绝——谁能相信这个人，就是那个曾经气宇轩昂、威风凛凛的国王呢？国王这时绝望了。就在他双手掩面欲投河轻生之际，他突然想起了智者说的话，想到了戒指。于是他急切地抠下了戒指上的宝石，他发现宝石里镌刻着一句话——这一切都会过去。

国王的心顿时被震撼了，又重新燃起了希望的火花，他决心生存下去。从此，他忍辱负重、坚持不懈地努力，经过几年的整顿，重招旧部东山再起，最终赶走了外敌。

当他率领着自己的部队再一次返回王宫后，他做的第一件事就是将"这一切都会过去"这句七字箴言，镌刻在象征王位的宝座上，以此来警示自己。

人生感悟

无论是欢乐还是痛苦，一切都是暂时的，转瞬即逝。因此，当你身处顺境时，要学会珍惜与感恩；身处逆境时，要学会坚忍和等待，不要自暴自弃，相信逆境只是暂时的，告诉自己：这一切都会过去。

经历了风雨也要看到希望

美国有一位著名的潜能开发大师席勒，他所采用的激励方法不仅独特而且内容丰富，深受学员们的喜爱。因此，他的名声很响亮，经常应邀到世界各地去巡回演讲。

席勒最崇尚的话就是："任何一个苦难与问题的背后，都有一个更大的祝福！"他不仅常常用这句话来激励学员积极思考，而且还时常向小女儿灌输这样的思想。他的女儿是一个非常活跃且热爱运动的小姑娘。

有一次，席勒应邀到韩国演讲，正在演讲中，他收到一封来自美国的紧急电报，电报的内容是说：他的女儿发生了一场意外，已经送医院进行紧急手术，有可能截掉小腿！心情错乱的他匆忙地结束了演讲，火速地赶回了美国。

到了医院，他看到已经截掉小腿的女儿，正乖巧地躺在病床上。他发现自己原本优秀的口才现在消失得不见踪迹，他不知该用什么样的方式来安慰这个热爱运动、充满活力的小天使。

聪明伶俐的女儿似乎察觉了父亲的心事，对他说："爸爸！我没有问题的，你不是经常告诉我，任何一个苦难与问题的背后，都有一个更大的祝福吗？我不会因为失去小腿而难过的。"他欣慰地看了看女儿。

"请爸爸放心吧，没有了脚我还有手。"女儿安慰似的对他说着。两年后，席勒的女儿升入了中学，而且再度被选入垒球队，成为该队中最出色的垒球王。生活中，许多人都害怕去正视困难，面对困难退却了。更有人在尚未达到预期的目标时就被困难吓破了胆，产生了放弃的念头。其实，大可不必这样消极。先"放心"去面对，再"用心"去解决，这时你会发觉，有些表面看起来十分顽劣的问题不过是一只纸老虎。

❧ 人生感悟 ❧

不要幻想那种圆圆满满的生活，也不要幻想生活中的每一天都阳光明媚，每个人在人生的道路上都注定要经历艰难困苦的考验，品尝酸、甜、苦、辣、咸各种各样的人生滋味。阳光总在风雨后，只要能笑看人生，即使是凄风苦雨又能怎样呢？

最大的挑战来源于自身

几年前有一个学业成绩非常优秀的青年，去报考一家知名的大公司，他虽然抱有很大的希望，结果却名落孙山。青年听到这一消息后，深感绝望，感觉一切都无意义了，于是就有了轻生之念，幸亏被及时发现，自杀未成。不久传来消息，他的考试成绩名列前茅，因为在统计考分时，电脑出了差错，所以才造成了错误，这样他就被公司录用了。但不过一个月的时间，又传来消息，他被公司解聘了，理由是一个人如果承受不起打击，怎么能在今后的岗位上建功立业呢？公司不需要这样的人。我们为这个青年深感惋惜，他虽然在考分上击败了其他对手，但是他却没有打败自己心理上的敌人，这个敌人就是惧怕失败，缺乏信心，遇事心理上紧张并且产生压力。

在追求成功的道路上，一部分人失败了，而另一部分人却成功了，表面看起来是由客观原因造成的，但其中的主要原因是：前者是被自己打败，而后者却能打败自己。

曾经有一位女士，她有一副好嗓子，并且一心想实现自己的理想——当歌星。但是美中不足的是她嘴巴太大，还有龅牙，这给她带来了不小的麻烦。当她初次上台演唱时，为了掩饰自己的缺点，她努力用上嘴唇掩盖龅牙，自以为那会受到人们的喜欢，殊不知却给别人留下滑稽可笑的感觉。有一位听众虽然很喜欢她，但他又很直率地告诉她："你不要掩藏自己的暴齿，你应该尽情地张开嘴巴，展现真实的自己。观众看到你真实大方的表情，相信一定会喜欢你，全力支持自信的你。"

一个歌唱演员在大庭广众之下暴露自己的缺陷，面对的心理压力可想而知，这就需要用理智说服自己，用十足的勇气打败自己。这位女士仔细考虑了之后，最终还是鼓足了勇气，接受了这位听众的忠告。当再次上台演出的时候，她已经不为暴齿而烦恼，而是尽情地张开嘴巴，展示真实的自己，发挥自己的潜能特长，最后终于成了影视界的大明星。

一个人要挑战自己，战胜自己，靠的不是投机取巧，也不是耍小聪明，他需要的是坚定的信心。著名的游泳健将弗洛伦丝·查德威克，当她从卡得林那岛游向加利福尼亚海湾的时候，在海水中已经游了15个小时。在还剩下一小段路程的时候，她看见了前面大雾茫茫，"何时才能游到岸边"的潜意识充满了她的大脑，她顿时浑身困乏，失去了信心，放弃继续努力的勇气，失去了一次创造纪录的机会。事后，弗洛伦丝·查德威克才知道，在她放弃的时候，实际上她已经快要登上成功的岸边了，阻碍她成功的不是大雾，而是她内心的疑惑和对自己失去信心的勇气。几个月以后，当弗洛伦丝·查德威克再一次重游加利福尼亚海湾时，这一次她坚持到了最后。潜意识里发出了"我这次一定能打破纪录"的信号，她的勇气倍增，最后弗洛伦丝·查德威克终于实现了目标。

人一旦有了信心，就会产生意志和力量。许多事实证明，人与人之间，弱者与强者之间，成功与失败之间最大的差异不是外界的环境，而是意志力量的差异。人一旦有了意志的力量，就能战胜自身的各种弱点，就能克服面临的各种困难和痛苦。

❀ 人生感悟 ❀

人生最大的挑战不是来自外界的环境，而是来源于自己，这是因为其他敌人都容易战胜，唯独自己是最难战胜的。自己把自己说服的人，他会得到理智的胜利；自己被自己感动的人，他的心灵就会升华；自己把自己征服的人，他才会得到成熟的人生。

在哪儿跌倒就在哪儿爬起来

在成长的过程中，聪明的人即便失败了，也不会坐在失败那里为自己的损失悲伤，而是采取另一种可能的办法去抚平这种创伤。

不经历风雨就不会见到彩虹，任何一个人在走向成功的过程中，都不会是一帆风顺、平平坦坦的，都会走一些弯路，经历一些坎坷，在一次又一次地跌倒之后才能为成功找到出路和方向。

生活中，每个人都会面临失败的考验，考验他们的意志、他们的心态。不必否认，成功者也会失败，但他们之所以能够成功，就在于他们失败了以后，不是为失败而哭泣流泪，不是消极厌世，而是从失败中总结教训，并勇敢地站起来，抚平伤痕继续前行……

可许多失败者在失败之后，并不是积极地从失败中总结教训，而是一蹶不振，始终生活在失败的阴影里不能自拔，为失败而痛苦和流泪。他们也在总结，但他们的总结只限于曾经失败的事情，悔恨当初自己的所作所为，"假如当初我不那么做就好了”等种种借口，为自己的过错开脱。

美国生理学家谢灵顿年轻的时候，是街头恶少，周围的人们没有人喜欢他。开始他并不以为然，毫无悔过之心，依然我行我素。但经历了一件事情后彻底地改变了他的行为。有一次，他向一位他深深爱慕的女孩求婚，那女孩说："我宁愿投河淹死，也决不嫁给你，你滚吧！"

谢灵顿听后，无地自容，羞愧万分，自尊心深深地受到了伤害，他从此幡然悔悟并发誓：将要以辉煌的成就出现在人们面前。于是他奋发图强，彻底地埋葬了旧我。他刻苦钻研，把全部精力都用在了事业上，在中枢神经系统生理学方面硕果累累，先后在英国多所名牌大学任教授。1932年获诺贝尔生理学、医学奖。

谢灵顿犯过错误，也失败过，他肯定也自责、懊恼过，但他没有将自己的一生都用于自责和懊恼，而是用行动证明了自己的价值，因此没有因为失败而悔恨终身。

❦ 人生感悟 ❦

成功的人，不一定是智商很高的人，关键在于他们犯了错误之后能认识自己的错误，并积极地站起来，去开拓属于自己的目标。成功和失败并不遥远，往往只有一纸之隔。如果你能正确地认识到自己的不足，并加以改正，那么最后的胜利非你莫属。

面对困难，需要的是勇气

有竞争就有压力，无论在竞争中获得成功还是遭受失败，人人都要承受压力。从某种意义上来说，成功者责任重大、工作紧张，所承受的压力也就更大。即使对那些与世无争、知足常乐者来说，压力也会自己找上门。现实生活中，谁也逃脱不了压力，要想有所作为，压力就可能会更大。要想成就事业，就必须能承受这种压力，把压力当成推动人生前进的动力。

林肯在进入美国政坛之前，不过是一个微不足道的小镇律师。在他最初争取共和党国会议员候选人提名时，他的政敌因他不属于任何教会而指责他为异教徒，又因为他高傲的品德和与爱德华家族联姻而骂他是财阀或贵族的工具。这些罪名尽管可笑，却足以给林肯的前途带来伤害。结果林肯落选了，这是他政治生涯中所遭遇的第一次逆流。

两年后，林肯和许多共和党人一起，在国会中大胆发言，他谴责总统发动一场"掠夺和谋杀的战争，抢劫和不光荣的战争。宣布上帝已忘了照顾无辜的弱者，容许凶手、强盗和来自地狱的恶魔肆意屠杀男人、女人和小孩，使这块正义之土饱受摧残"。政府对这篇演说置之不理，可是它在春田镇却掀起了一阵飓风。伊利诺伊州有6000人从军，他们相信自己是为神圣的自由而战。如今，他们选出的代表竟在国会中说这些军人是地狱来的恶魔、是凶手，激愤的军人公开集会，指责林肯"卑贱""怯懦""不顾廉耻"……即便是到了13年后，林肯当选总统时，还有人使用这些话来攻击他。

林肯对合伙的律师说"这等于是政治自杀"。此刻，他怕返乡面对选民。他想谋求"土地局委员"之职以便留在华盛顿，却未能成功；他想叫人提名他为"俄勒冈州长"，指望在该州加入联邦时可以成为首任参议员，不过这件事也失败了。

于是他又回到了春田镇那间脏兮兮的律师事务所，再度将爱驹"老公鹿"套在摇摇欲坠的小车前头，驾车巡回第八司法区。荷恩敦在《林肯传》中说："我们住乡下小客栈时，通常都共睡一张床。床铺总是短得不适合林肯的身长，因此他的脚就悬在床尾板外头，露出了一小截胫骨。即使如此，他仍然把蜡烛放在床头的一张椅子上，连续看好几个钟头书。我和同室的另外几个人早就熟睡了，他还以这种姿势苦读到凌晨两点钟。每次出巡，他都这样手不释卷地研究。后来，六册欧氏几何学中的所有定理他都能轻轻松松地加以证明。

"几何学读通之后，他研究代数，接着又读天文学，后来甚至写了一篇谈语言发展的演讲稿。不过，他最感兴趣的仍是莎翁名作，他养成的文学嗜好依然存在。"

度过辛酸的六年之后，突然发生了一件事，改变了林肯一生的方向，也使他开始往"白宫"进发。

1858年，亚伯拉罕·林肯参加了美国历史上一场著名的政治战争。由此，他彻底摆脱了默默无闻的状态，当时他49岁。尽管七年之后他就去世了，但在这七年间，他却赢得了不朽的名誉和荣耀。

论战一周又一周进行下去，许多人都加入了这场论战，纷纷谴责道格拉斯，甚至同是民主党的成员，也对道格拉斯大加鞭挞。

选举之夜，留在电报局阅读统计表的林肯知道自己失败，就动身返家。当时外面下着雨，一片漆黑，通往他家的路泥泞不堪。突然，林肯的一只脚绊往另一只脚，他迅速平衡了身子，并说："失足但没有摔跤"。

竞选国会议员虽然失败了，但林肯在这次竞选中的辩论，成为他两年后入主白宫的极佳宣传。不久以后，一份伊利诺伊报的社论中提到了林肯，"可敬的亚伯拉罕·林肯真是伊利诺伊州从政者中最不幸的一位。他在政治上的每次举动都不顺利，计划经常失败，换了任何人都无法再支持下去。"

的确，假如林肯面对暂时的挫折、失败就不再前行，不再奋斗，那么他只能是一个微不足道的小律师，而不可能成为美国历史上伟大的总统。

在我们生活的社会中，很多人经常抱怨自己被问题困扰，其实他们是被自己对问题的看法所困扰。就事实本身而言，任何人的处境远不足以成败局，而面对的问题也只是前进中的一道小小关卡。

弗兰克·贝特吉尔是美国最著名的人寿保险推销员，他的年收入达百万美元以上。取得这样的成就并非一帆风顺，他也曾遇到过许多棘手的问题，但他会将问题减半，再减半。开始时，他看不起自己的工作，甚至想放弃。可是，他突然想找出自己忧虑的根源所在。

首先，他问自己："问题到底是什么？"他的问题是：他访问过那么多的人，但业绩并不理想。他似乎跟那些潜在的客户都谈得很好，可是到最后快要成交的时候，他们会说："啊！我要再考虑考虑。"于是，他浪费掉不少的时间。

其次，他问自己："有什么解决的办法？"他拿出过去的记录，仔细研究上面的数字。结果，有一个非常惊人的发现，即在所卖的保险中，有70%是在第一次见面时就成交的；另外有23%是在第二次见面时成交的；还有7%，是在第三、第四、第五次……才成交的。换句话说，他的工作时间，几乎有一半都浪费在实际上只有7%的业务上。

最后，他问自己："那么答案是什么呢？"很明显，他立刻停止了第二次以后的所有访问，把空出来的时间拿来寻找新的客户。结果在很短的时间里，他的业绩得以迅速提高。

弗兰克·贝特吉尔的问题就这样解决了，我们处理问题时也要这样，只有找出问题的根源，才能将它彻底解决掉。在这个过程中，问题解决了，你的能力也提高了。面对问题时，你要毫不畏惧且诚恳地分析整个情况，然后找出万一失败后可能发生的最坏结果是什么，并在必要的时候去接受它。

一位成功女士，一直都是快快乐乐的，仿佛从来就没有什么烦恼。其实，她遇到事情时，总是把它想象得很糟，用她的话说就是"失望越大，希望也将越大"。这样，你往往会有种失而复得的快乐。当然，提倡"把问题想象得很糟"并不是要你用悲观的眼睛去看世界，而是要你能够估计所有可能发生的事情，使你处在一个可以集中精力解决所有问题的位置上。从某种意义上来讲，"把问题想象得很糟"能够将我们从那个巨大的灰色云层里拉下来，让我们不再因为忧虑而盲目探索，它可以使我们的双脚稳稳地站在平地上。

问题不仅仅是生活中可以接受的一部分，对于阅历丰富的人而言，它也是必不可少的。如果你不能聪明地利用你的问题，就绝不会掌握任何技能。最重要的是，任何时候，你都不要退缩，如果你现在不去面对问题，不去解决它，那么，日后你终将遇到类似的问题。

把你的失望降低到最低程度，你才会认识到在心灵上能够逾越困境才是受用一生的最大财富。

🌿 人生感悟 🌿

能够取得成就的人，都有战胜困难的勇气，他们在生活中跌倒，能够爬起来；他们在生活中被困扰，能够找到解困之道。他们总是把自己过去的失败看作是一种勇气的复得。

面对挫折，更要坚强

艾米总是向父亲抱怨她的生活艰辛。她不知该以何种态度来面对生活中的困扰，于是她想要自暴自弃。她已厌倦与困难抗争的生活，因为生活中的问题屡屡发生，似乎从来没有过间断。

艾米的父亲是位厨师，一天他把她带进厨房。他分别在三口锅里倒入一些水，然后放在旺盛的火苗上。不久，锅里的水烧开了。他将胡萝卜放进了第一口锅里，鸡蛋放进了第二口锅里，最后一口锅里放入碾成粉状的咖啡豆。整个过程，艾米的父亲没有说一句话。

艾米不耐烦地看着父亲的一举一动。20分钟过后，父亲熄灭火，将煮熟的胡萝卜捞出放入一个碗内，鸡蛋放入另一个碗内，咖啡倒进了一个杯子里。然后，他转身看着不耐烦的女儿说："亲爱的，你看见什么了？"

艾米无精打采地说："煮熟的胡萝卜、鸡蛋、咖啡啊！有什么稀奇的？"

他让女儿靠近些并用手去摸胡萝卜。艾米惊呼道："爸爸，胡萝卜变软了。"父亲又让艾米将那只煮熟的鸡蛋壳剥掉，她看到的是只煮熟的鸡蛋。最后，父亲让她品尝了煮熟的咖啡。艾米贪婪地享受着咖啡的香浓，刹那间露出了笑容。她怯声问道："爸爸，这意味着什么？"

父亲告诉艾米说："胡萝卜、鸡蛋、咖啡这三样东西面临同样的逆境——煮沸的开水，可态度却截然不同：胡萝卜尚未入锅之前生硬、结实不向逆境低头，而进入开水后就变软了，向逆境妥协了；再看鸡蛋，没下锅之前易破碎，而经开水一煮，内脏变硬了，也随着坚强起来了；咖啡豆就更独特了，进入沸水后，它们不但没有失去自己的本色，反而改变了水。其实，你也完全可以屈服于环境，也可以改变环境，关键取决于你对困难所持有的态度。"

真金不怕火炼，真英雄不怕遭遇挫折。没有经历过失败的人生不是完整的人生。巴尔扎克曾说过："挫折和不幸，是天才的晋身之阶、信徒的洗礼之水、能人的无价之宝、弱者的无底深渊。"所以说，禁得起困难洗礼的人才是真正的英雄，成功属于他们。

❧ 人生感悟 ❧

　　没有河床的冲刷，就不会有钻石的璀璨；没有挫折的考验，就不会有真正的英雄。正因为有挫折，才会体现出勇士与懦夫的区别。

不要怕从头再来

人人都见过小孩子做他们喜欢的事情时那认真的模样。当他们用心将一个小房子或其他某些东西用积木搭建成功，花了不少精力完成一副很漂亮的图画并得到了大人的认可、庆贺、赞赏时，他们却又毫不吝惜地将自己辛苦完成的"杰作"亲手毁掉，把自己辛苦搭建的房子推倒，把耗费许多时间的精美的画揉成一团丢进垃圾篓里。这时，作为大人的你看到这种情形不免会感到惋惜。心中会产生一个想法："费了那么大的力气做出来的成绩为什么就这样轻易毁掉呢？为什么这样不知道珍惜爱护自己的劳动成果呢？为什么不把它们好好地保存起来，以做纪念，慢慢地欣赏呢？"

如果你此时去问那个小孩子，他会告诉你，他要重起炉灶，用自己的手和脑，创造出另一件更新、更好、更令他满意的作品来。听到这样的答案，你会做何感想呢？

事实上，孩子的这种精神，大人们是无法赶超的，孩子们有勇气毁掉自己辛苦创造的作品，是因为他们始终不满意自己目前的成绩，为了创造出更出色的作品，他们有牺牲当前成绩的勇气，他们坚定地认为自己以后会有更大的进步、会创造出比目前更好、更值得珍惜的作品来。所以，他们从不会像成人那样，沉浸于当前的成绩中自我欣赏、自我满足，把自己工作的成果视为珍宝，唯恐它惨遭破坏，大有捧在手里怕掉了，含在嘴里怕化了的心态。其实，剖析成年人这一行为不难发现，那是因为他们没有把握制造出一个比当前这个东西更好的东西来，换个说法，也就是没有不断提升自己能力的勇气。

当一个人处于对自己工作成绩倍加欣赏的状态时，我们可以认为这是一种懦弱的表现。因为他没有足够的勇气毁掉当前的成绩，追求更好的、更令自己和他人满意的东西。

🌸 人生感悟 🌸

一个人要想让自己具有更高的能力，就必须学习孩子的精神，不要怕从头再来，敢于重起炉灶，重新创造，那就意味着你已经离成功不远了。

第五章 经营好情感 享受幸福人生

人生一世，除了亲情、爱情外，友情也是决不能少的，因为亲情是一种深度，爱情是一种纯度，而友情则是一种广度。的确，生命里因为有了情感，人的灵魂才会告别荒芜和落寞；人生因为有了情感，成长的道路才会有清晰的目标，才会有奋斗的激情，才会享受美好的生活。经营好了情感，就是在享受幸福的人生。

生命因关怀而温暖

罗伯特与乔治是很好的朋友，罗伯特是一个小镇的神父，而乔治是小镇教堂的一位义工。

一天晚上，神父请乔治到教堂，一起商量即将举行的圣公会的筹备方案。那天晚上二人很晚才分手回家。当罗伯特跨入家门时，乔治就打来电话说，他回到家后，发现妻子已经死在了厨房的地板上，要他马上过去。罗伯特赶到乔治家后，乔治拉住他激动地说："我们晚上还在一起共进晚餐，当时她精神很好，根本看不出有什么异样，可是，为什么说死就死了呢？为什么会发生这样的事情呢？为什么呀？"说着乔治就放声大哭了起来。

罗伯特身为一名神父只替死者祈祷了几句。面对乔治的悲痛，他不知道该说些什么。整个晚上他几乎都处于这种手足无措的状态之中，他不知道该怎样安慰乔治。

就这样，他和乔治在起居室里静静地坐了几个小时，双方没有任何的语言交流。

罗伯特回到自己的家时天已经亮了。他非常沮丧，一直自责：身为一个神父无法阻止别人遭受失去亲人之痛，而自己只能袖手旁观无能为力。

一年以后，罗伯特被派到另一个地方去担任一所教堂的神父。他离开的消息传出去后，许多教民都来为他送行。在送行的人群中，他见到了好友乔治。二人紧紧相拥，乔治哽咽地说："罗伯特，没有你，那晚我肯定挺不过来。"

毋庸多问，罗伯特当然知道乔治指的是什么。但他不明白，乔治为什么会说那晚如果没有他，他就"挺不过来"。实际上，那天晚上他明明什么忙也没有帮上，只是眼睁睁地看着好友沉浸在痛苦之中。而他当时的语言是多么苍白无力，既不能让死者复生，又不能让生者感到慰藉。

可是，这对于乔治来说，却成了永生难忘的一次经历，正因为罗伯特默默地关心才使他感受到了人间还有值得他珍惜、留恋的友情。所以，他才打消了轻生的念头，"挺"了过来。

关怀是一种神奇的力量，它不但可以拯救心灵于无形之中，还可以使脆弱的灵魂变得坚强起来。我们无法做一个可以掌控人生死的神仙，用魔力消除人间的痛苦，但我们可以做一个好人，向人间播撒关怀的种子，让它结出一种能穿透心灵、清理思维、宽心暖怀的果子。

亲情不是用金钱来衡量的

一个寒冷的冬季，一天，当珠宝店主百无聊赖地徘徊在店里时，发现一个小女孩朝着珠宝店走了过来，她用那双红肿的小手费力地拉开珠宝店的大门。直奔珠宝展柜，她踮起脚跟吃力地观望着每一件珠宝，忽然将视线定在一条蓝宝石项链上。过了许久，她才天真地对珠宝店的老板说："我想买这条项链，把它当作礼物送给我姐姐。您能帮我包装得漂亮一点吗？"店主上下打量着小女孩，怎么看，她也不像是有钱的样子，便问道："你能付这条项链的钱吗？"

小女孩小心翼翼地将一个小手帕从口袋里掏出来，由于小手被冻僵，她吃力地解着手帕上一个又一个结。几分钟后，小女孩把手帕里的钱全部摊在柜台上，兴奋地说："这些能够付清这条项链的钱吗？"店主低头看了看柜台，发现那只不过是几枚硬币。小女孩继续说道："妈妈很早就离开了人世，是姐姐辛苦赚钱把我养大，她就像妈妈一样疼爱我、照顾我，明天是姐姐25岁的生日，我想为她准备一份生日礼物。自从妈妈去世后，姐姐从没过过生日，就更别说收生日礼物了。所以，我想把它当作生日礼物送给她，她收到这个礼物时一定会非常的开心，因为项链的颜色就像她的眼睛一样漂亮。"

听完小女孩羞涩的诉说，店主从柜台里取出那条项链，放在一个精美的小盒子里，并用一张漂亮的红色包装纸包好，还在上面系了一条绿色的丝带。

他对小女孩说："孩子，将它送给姐姐去吧，路上小心点。"得到礼物的小女孩非常高兴，连蹦带跳地跑出了珠宝店的大门，消失在寒冷的街头。

第二天晚上，店主正准备打烊时，一位蓝眼睛的漂亮姑娘推开了店门。她彬彬有礼地对店主说："老板打扰了，我想问一下这条宝石项链是在您的店里买的吗？多少钱？"说着，她从包里拿出已经打开的礼品盒里面的项链，放在柜台上。

店主看过之后，认出了这条项链也了解了这位姑娘，他说："是的，是从这里买的，而且是我包装的，至于价钱那是卖主和顾客之间的秘密，本店有规定不能随意将商品的价格透露给第三者。"

"仅凭我妹妹的几枚硬币是无法支付这么昂贵的宝石项链的。"店主拿起装项链的盒子，把项链再次放进去，重新包装好系上丝带，双手交给了姑娘说："你妹妹支付了她所拥有的一切，这样的价格没有任何人愿意支付，所以，我心甘情愿将这串宝石项链卖给她。"

人生感悟

有人说："有钱能使鬼推磨，没有金钱办不到的事"，这种说法并不全面，用金钱可以买到的东西不一定是最好的。金钱不能买到的东西很多，如亲情、友情、爱情，而这些恰巧又都是世间最宝贵的东西，金钱在它们面前会显得暗淡无光。

人不能没有人情味

生活中有许多人抱着"有事有人，无事无人"的态度，把朋友当作受伤后的拐杖，复原后就扔掉。这种人最后的结果只能是被朋友们抛弃，以后再出现了事情也没人愿意帮忙；如果他想要施恩，也没有人愿意接受他的虚情假意。

周恩来是一位非常有人情味的人，在人际交往中他始终都不会忘记这一点。长征途中，当时任民运部部长兼政委的杨立三，坚持亲自给重病的周恩来抬担架，在饥寒交加中，他与战友抬着周恩来走出沼泽泥潭，由于劳累过度，病倒了。十九年后，当杨立三去世的时候，已是政务院总理的周恩来，仍然坚持要亲自给他抬棺送葬。

1937年6月，当周恩来在崂山遇险的时候，护卫他的十多名警卫战士都光荣地牺牲了。事后，周恩来和另外三个脱险的战友合影留念，周恩来在照片背后写上"崂山遇险，仅余四人"。后来，这张照片一直珍藏在周恩来贴身的衬衣口袋里，直至病逝的时候才被人们发现。

"滴水之恩，当涌泉相报"。这就是周恩来的人格魅力。正是他的这种浓郁的人情味，感染了无数人。在举行周恩来的遗体告别仪式时，围绕安卧在鲜花丛中的周恩来的遗体旁边，群众的泪水把地毯洒湿了一米多宽。出现了十里长街送总理，长夜无眠，天地同悲的感人一幕。

要想让自己变得有人情味，应做到以下两点：

（1）与朋友多在一起。

人们在一起共事时，共同的命运把彼此连在了一起，只要彼此能够同舟共济，采取合作态度，互相支持、互相帮助、互相关照，那么就很容易产生感情的认同，做到相濡以沫。特别是在困难面前，彼此相依为命、共渡难关，这样的情谊就会变得十分深厚，可能终生难忘，交情也能够经得住风吹雨打。曾经的知识青年从城里到乡下插队，几年中大家同在一个锅里吃、一个炕上睡，如果有一个人受了欺负，大家都会为他鸣不平。同甘共苦的人生经历，必然转化为深厚的感情，铭刻在各自的记忆中。正是因为有了这样的深厚感情，尽管日后分散到天涯海角，但谁也不会忘记那段珍贵的岁月。

共事时间长可以形成深厚的交情，但相处时间不长，同样也可以建立牢固的友谊，只要彼此同心协力，相互支持、彼此关照，就能引起对方的好感，交情自然而然就建立起来了。

另外，培养与朋友的共同兴趣，以"趣味相投"加深感情也是必不可少的。很多时候，人们共同的爱好、兴趣，也能成为彼此交情的纽带。

（2）放弃"一次性交际"的心态。

我们无法否认，生活中有一些"实用型"的人，在他们的眼中，所谓的"人情"便是你送我物，我给你钱，就像借债还钱一样，概不赊欠。乍看上去，这种一次性的交际行为好像很洒脱，但实际上是困惑与无奈的表现。诚然，受助者也许在短时间内不愿再次开口向你求助，而实施援助行为的一方也没有必要固守"事不过三"的古训。当对方确实有困难而无能为力的时候，虽然你曾经帮助过他，他又不好意思向你开口，作为事情的知情者，你无动于衷是不对的，不妨再次主动伸出援助之手。事实上，这种有人情味的交际行为能够赢得更大的"人情效应"。也许受助者一时无力给你相应回馈，但你的行为、你的真诚、你的崇高秉性，必然会被更多的人所知晓和尊重。

一个没有人情味的人，是永远也不懂"施恩"这个看似简单实则微妙的处事之道的，也不会在生活的道路上取得应有的成绩、拥有更多的朋友。

有这样一个故事，农场主的牛偷吃了一农夫家的庄稼，农夫为此十分生气，没有通知牛的主人就把牛杀了。农场主得知此事后非常气愤，决定与农夫理论。

农场主带着一个仆人上路了，不巧半路上遇到了寒流，主仆二人全身被冰霜覆盖，差点冻僵。当他们到达农夫家门口时，出来迎接他们的是农夫的妻子，丈夫外出还没有回来。农夫的妻子热情地招待主仆二人进屋烤火，等待她丈夫回来。

农场主进屋后，发现农夫家简陋的摆设，农夫妻子消瘦憔悴的脸，还有6个躲在桌椅后面瘦得像猴儿一样的孩子，他选择了沉默。

过了一会儿，农夫回来了，妻子告诉他，他们主仆二人是冒着狂风严寒来的。农夫上前紧紧握着农场主的手，把他拉到了暖炉旁烤火。他的这一举动使原本想说明来意的农场主感动了，他又选择了沉默。农夫盛情地挽留他们留下来吃晚饭。"不过，我只能请两位吃些豆子。"他不好意思地说，"因为家里生活比较贫寒，没有什么好吃的东西，而由于起风牛没能宰好，所以……"

农夫的盛情令主仆二人难以推却。自始至终，仆人一直在等待主人开口向农夫因杀牛的事讨个说法，可农场主只跟这家人说说笑笑，"正事"却只字未提，这让仆人有些不解。

晚饭过后，天气仍然没有好转，农夫和妻子再三挽留主仆二人在家过夜。于是两人又在那里度过了一晚。

第二天早上，农妇为两人准备了黑咖啡、热豆子和面包，主仆俩吃饱后上路了。路上仆人责备农场主对此行来意闭口不提。农场主若有所思地赶着路，在仆人再三追问下，他说："我本来想进门就狠狠地教训一下那个农夫，可是，后来我琢磨了好久放弃了那个念头。你知道吗？其实，我们并没有损失什么，虽然我丢了一头牛，可是我却得到了世间最难得的人情味儿，我没有吃亏反而收益不小！世界上的东西随便就可以买到，可是，人情却很稀少呀！人世间就这个东西太少了。"

勿漠视了无声的关爱

　　在洋丹的记忆里，父亲一直就是瘸着一条腿走路的，他的一生并没有做出过什么有价值的事情，一切都平淡无奇。所以，他总是搞不明白，母亲怎么会和这样一个人结婚呢？

　　在一年秋季县里举行的中学生篮球赛上，他作为队里的主力随队出征。他找到母亲，希望母亲能陪他同往。母亲笑了，说："我也没有什么事情，当然可以。你就是不说，我和你父亲也会去为你加油的。"他听了母亲的话后，摇了摇头，说："我不是说父亲，我只希望你自己去就可以了。"母亲很吃惊，问这是为什么？他勉强地笑了笑，说："我总认为，如果一个残疾人站在场边，会让我失去奋斗的勇气。"母亲叹了一口气，刚要说什么，这时父亲正好走了过来。他说道："这些天我要出差，如果家里有什么事，你们自己做决定就行了。"

　　比赛的结果是令人满意的，洋丹所在的队赢得了冠军。在回家的路上，母亲很高兴地说："如果你父亲知道了这个消息，他一定会兴奋的。"洋丹听了母亲的话，马上沉下了脸，说："妈妈，我们现在不要谈论他。"母亲接受不了他的口气，于是嚷道："你必须告诉我，这是为什么？你的父亲怎么惹你了？"洋丹满不在乎地笑了笑，说："没有什么原因，就是不想在这时提到他。"母亲的脸色凝重起来，她突然感觉到了什么。叹了口气说："孩子，这话我本来不想说，但是，如果我再隐瞒下去，你的父亲可能就会受到伤害。你了解你父亲的腿是如何瘸的吗？"洋丹摇了摇头，感觉有点意外，说："不知道。"母亲接着说："那一年你还不到两岁。父亲带你去公园里玩，当你们回来的时候，你突然冲上马路。当时，一辆汽车正急驰而来，你父亲为了救你，左腿被碾在了车轮下。不过，多年以来，你父亲不让我告诉你。"洋丹顿时呆住了，什么话也说不出口。

二人走了一段路后。母亲说："孩子，还有件事我要告诉你，你父亲就是作家格尔，也是你最喜欢的作家。"洋丹非常地惊讶，对母亲的话表示怀疑。

于是，他急急地向学校跑去，向老师问个明白。老师面对他的疑问，笑了笑说："你母亲说的是真的，你不要怀疑。你父亲不让我们透露这些，是怕影响你的成长。但现在你既然知道了，那我就告诉你，你父亲是一个很了不起的人。"

一周以后，父亲回来了，洋丹问父亲，你就是大名鼎鼎的格尔作家吗？父亲愣了一下，然后笑了，点了点头。洋丹跑回自己的房间，拿出一本书来，兴奋地说："那您亲自给我签个名吧！"父亲看了他片刻，然后在扉页上写道：赠洋丹，生活其实比什么都重要。格尔

许多年以后，当洋丹已经取得了一番成就的时候，有人让他介绍自己的成功之路，他就一直强调父亲的那句话：生活其实比什么都重要。

❀ 人生感悟 ❀

很多时候，我们会为自己的父母没有亿万财富和高官厚禄而感到不快，甚至当他们从农村来到大城市看你的时候，你会认为他们很"土"而觉得有失颜面。其实，当你慢慢长大、成熟，经历了生活的风风雨雨后，你就会明白，许多你不曾发现的真情与关爱比什么都重要。

亲情是快乐和幸福的源泉

圣诞节即将来临，杰克的哥哥送给他一辆新车。圣诞节那天，杰克下班

后，就离开了办公室。当他走到自己的车旁时，一个男孩绕着那辆闪闪发亮的新车，十分赞叹地问："先生，这是你的车吗？真漂亮！"

杰克点点头："谢谢，这是哥哥送给我的圣诞节礼物。"男孩满脸惊讶，羞涩地说："你哥哥送给你的礼物？你没花一分钱？如果我也能……"

杰克以为他是希望能有一个送他车子的哥哥，但那男孩所谈的却恰好相反。

"我希望自己能成为送车给弟弟的哥哥。"男孩继续说。

杰克惊愕地看着那男孩，接着微笑着邀请他："你要不要坐我的车去兜风？"男孩非常高兴，兴奋地坐上了车，绕了一小段路之后，那孩子眼中充满希望地说："先生，你把车子开到我家门前好吗？"

杰克微笑着说："当然可以。"他想，那男孩必定是要向邻居炫耀，让邻居们知道他是坐了一部车子回家的。但是杰克这次又猜错了。"先生，你能不能把车子停在那两个台阶前呢？"男孩继续委婉地要求。

男孩愉快地跑上了台阶，过了一会儿，杰克感觉男孩的动作似乎有一点缓慢。原来他带着跛脚的弟弟出来，将他安置在台阶上，然后指了指那辆新车。

只听见那男孩对弟弟说："你看，这就是我刚才告诉你的那辆新车。杰克他哥哥送给他的，漂亮吧，将来我也送一辆这样的车给你，到那时候你就可以去看各种圣诞节饰品了。"

杰克走下车子，将男孩的弟弟抱到车子的前座，就这样他们三人开始了一次令人难忘的兜风旅行。

自从遇到了这个小男孩，杰克才真正体会到"施比受更有福"的道理。

❀ 人生感悟 ❀

　　人在心中应该设身处地想到的，不是那些比我们更幸福的人，而是那些更令我们同情的人。亲情是最大的财富，是一个人生命最有力的支撑与保障。没有亲情的人生，就不是真正的人生。

亲情无价

傍晚时分，一个白胡子的老船工正准备收工回家。正当他要锁船上岸时，迎面走来四个人，一个是商人、一个是当官的、一个是武士，还有一个诗人。

他们都要求老船工把他们摆渡过去。老船公捋着胡子说："天已经不早了，老伴还在家里等我，所以我要赶快回家了。"说着就往岸上走。这时商人走到老船工面前掏出白花花的银子说："我有的是钱，你把我摆渡过去，这些钱全是你的。"

当官的见商人如此，也不甘示弱地说："如果你摆我渡河，我可以给你一个县官当。"

武士急了，对老船工说："我不管，总之你要不摆我渡河，我就一拳打爆你的脑袋。"

船工看了看诗人说："你呢？"

诗人说："唉，可惜我并不能给你什么，但是，如果我不赶快赶回家，家中的妻子儿女一定会急坏的。"

老船工向诗人挥挥手说："上船吧！我这就把你摆渡过河。"诗人不解地看着老船工说："老人家，您这是为什么？银子和官位都不要，非要渡我这个穷书生，我什么也给不了您啊！"

老船工面带笑容地说："没有啊。你已经把你最宝贵的财富——真情给我了，你的一声长叹和脸上显现出来的忧虑就说明你是一个注重真情的人。小伙子，要记住：亲情才是人生中最宝贵的东西。"

🌺 人生感悟 🌺

权利、金钱、势力并不是万能的，它们买不到人生中最宝贵的真情。拥有亲情的人，才是世界上最富有的人。

以欣赏的眼光看待朋友

一天，山羊正在草地上吃草，这时野兔出现在山羊面前，于是它便对野兔说："野兔，你的毛好漂亮啊！"

野兔听了山羊的赞语，心里一阵暖流流过，它高兴且有礼貌地说："不，不，山羊，你的毛比我的还要漂亮。"

就这样，山羊和野兔聊了起来，从它们聊天时的热乎劲儿来看，似乎它们是多年不见的老朋友。由于它们俩彼此甚是投缘，所以决定搬到一起住。

随着时间的推移，野兔和山羊之间的感情越来越深。它们并没有因各自的生活习性不同而吵架，反而更加互相尊敬了。

其他的动物看到野兔和山羊能这般友好地生活在一起，都感到不可思议，住了那么久都不争吵，实在太奇怪了。于是，它们决定考验一下山羊和野兔间的友情。

一天，野兔出去了，只留山羊在家里。于是，小鸟对山羊说："山羊，你是怎么选择居住伙伴的呀？怎么能和没有用的野兔一块儿住呢？"

山羊对小鸟说："你不能这样说我的好伙伴，它并不像你们说的那样没用，它比我好得多，和它同住在一个窝里，我感到很自豪。"

第二天，山羊出去了，只留野兔在家。小鸟又对野兔说："野兔，你是怎么选择居住伙伴的呀？怎么能和没有用的山羊一块儿住呢？"

野兔对小鸟说："你不能这样说我的好伙伴，它并不像你们说的那样没用，它比我好得多，和它同住在一个窝里，我感到很自豪。"

野兔和山羊对待友情的态度，为鸟儿们上了一堂十分有意义的教育课，它们决定从此互相帮助并和睦相处。

🌿 人生感悟 🌿

当你以友好的态度对待朋友时，朋友会以热情来回报你。当双方的感情相当深厚时，在彼此的眼里只有对方的优点。

乐意为朋友付出才能赢得友谊

汉斯先生是一位成功的企业家，他既没学历，也没资金，更没背景，那他到底是靠什么成功的呢？答案只有一个：靠朋友们的帮助。

其实，汉斯以前是一个很孤独的人，由于他一无所有，别人都不愿意与他往来。汉斯在忍耐寂寞人生的同时，渐渐地学会了与人沟通、交往，并付诸实际行动。

汉斯十分珍惜所有的朋友，他对朋友的重视甚至超过了别人的需求。只要是朋友来访，他都热烈欢迎，希望能住几天。不管经济多么拮据，他都好像随时在等待朋友的到来，并且真心实意地接待，有时在朋友回去的时候，还要带些小礼物或土产之类的东西。

每个人都有自己的事，汉斯也不例外，但无论他多么忙碌，都不会把朋友来访看成是一种麻烦和困扰。朋友问他为何这样，他说："我是一个一无所有的人，与朋友来往，就应该让对方感到和我来往会得到某些方面的愉快与益处。"

"绝不自私自利，乐意为朋友付出"是汉斯赢得朋友、取得成功的秘诀。相反，如果你只想着如何从别人那里获取什么、得到什么，那么你将无法交到朋友。因为没有一个人愿意同自私自利的人交往、做朋友。

与汉斯相比，沃特是出身名门的"富家子弟"，他想凭着自己的"优厚条件"干出一番事业来。但是，当他与别人交往时，首先考虑的是这个人对自己有没有利用价值。比如说：与这个人交往，以后向银行贷款时，可能会帮上忙；或许与这个人做朋友，能学到一些致富经验；也许会从某个人身上得到一些有用的信息；也许……他就是如此这般地对待周围的人，想办法使与自己接触的人，带给自己某些利益。结果，他没有交到真正的朋友，更不用说得到别人的帮助了！

汉斯和沃特在交朋友时所持态度不同，其结果也完全不同。汉斯的做法是先为朋友付出，结果得到了很大的回报。沃特一心索取，其结果是什么也得不到。

社会心理学家霍曼斯指出，人际沟通的本质特征是一种交换的过程。那么交换的任何一方都希望所做的交换对于自己来说是有价值的，希望交换的结果是得大于失。在这一过程中，自己认为值得的人际关系，就倾向于建立与保持；而对于自己认为不值得的人际关系，就倾向于逃避、疏远或中止。所以，人们自然乐于结交愿意为朋友付出的人，而不愿结交想占别人便宜的人。

由此可见，当你真心为朋友付出之后，这种付出会形成一种资源存储起来而不会消失，只要一有机会，必将以某种意想不到的方式回报给你，所以，你在赢得别人尊重的同时，会得到意想不到的收获。

❀ 人生感悟 ❀

在与朋友沟通中，千万不要吝啬付出。心胸狭窄，总担心在交往中吃亏，甚至想占便宜的人，是交不到朋友的。精于沟通的人都知道，乐意为朋友付出是一种灵活的、有效的交往方式，在这种前提下交往，收获一定大于付出。

收获友情，从关心对方开始

每个人的一生都会面对许许多多的陌生人。对我们的亲人、朋友付出关心并不难，而要对陌生人付出关心，就不是一件简单的事情了。但是，只有关心对方才能赢得对方，才能打破沟通的障碍。

"魔术之王"塞斯顿前后周游世界共40年，一再创造出各种幻象，令观众如痴如醉、惊奇不已，受到数千万人的欢迎，获得了巨大的成功。

他说，不是他的魔术知识高人一筹，他认为关于魔术的书已经有几百种，而且有几十个人知道的魔术同他一样多。但他却有其他人所没有的独到优点：他在舞台上能够展现自己的个性，有打动观众的独特风格。他是一位表演天才，了解人类的天性，他的每个手势、每种声调、每一次提起眼眉，都是提前演习好的，而他的每一个动作也都配合得天衣无缝；更为重要的是，塞斯顿真诚关心观众的感受，能够为观众付出所有的热情。

相反，有些技艺高超的魔术师认为观众是一群笨蛋，能够被自己骗得团团转。但塞斯顿却完全不那样认为，他每次上台时，都会对自己说："感谢这些人看我的表演，是他们使我过上了舒适的生活。我一定要尽力为他们演出最好的节目。"塞斯顿就是这样一位用关心赢得观众喜爱的艺术家。

有人说："要想自己成为幸福的人，就应当对别人关怀备至、体贴入微、赤诚相见。"著名心理学家阿德勒在《生活的意义》一书中说："对别人漠不关心的人，他的一生困难最多，对别人的损害也最大。所有人类的失败，都是由这些人造成的。"实际上，如果你能够真心实意地关心别人，那么你的生活将顺利很多，别人对你的帮助也将使你大为受益。

在生活中，大多数人往往苦叹不知如何与陌生人消除彼此的隔阂，进而使双方熟悉，开始交往。每个人都想博得他人的关心与认可，但是却忽略了对别人的关心与认可，结果也没人关心自己。人与人之间的关系是相互的，你敬我一尺，我就敬你一丈，你不关心别人，别人也不会关心你。

假如你有只想让别人注意自己，让别人对你感兴趣的想法，那么你就永远也不会有许多真挚而诚恳的朋友。如果你试着用爱心去关心别人，那么即便是陌生人也会成为朋友。

人生感悟

要使别人喜欢你或者培养真正的友情，并且得到别人的帮助，生活得更加愉快，那么就请从改变自身开始：真诚地关心别人、爱护别人。

生活因为爱会更美好

一天傍晚，强在回家的路上看到一个小孩端正地坐在院子门口，双手不停地在忙着什么。在好奇心的驱使下，强悄悄地走到小孩面前，只见小孩子正在挑拣混在一起的赤色豆和绿豆。

强说："你这样做不感到厌烦吗？你挑拣这些豆子做什么呢？"

小孩子并没有抬头看他，一边做事一边说："奶奶病了，要用绿豆做药引。可是，乡下亲戚给寄来的豆子都混在了一起，所以为了给奶奶治病，我需要把它们区分开。"

强不解地问："像这种绿豆，很容易就能买到，为什么你非要这么费事呢？"

小孩子一张小脸被苦恼占领，他悲伤地说："奶奶治病需要很多的钱，可是，爸爸妈妈都下岗了。现在又不是没有豆子，只不过是浪费一点时间，我想把买豆子的钱省下来为奶奶治病。"

强被小孩子真诚的爱感动了，从钱包里拿出一百元钱放到小孩子的面前说："别再挑了，用这些钱给奶奶买绿豆去吧！"小孩子这时才抬起头来，站起身给强深深地鞠了一个躬。

不久，当强再次经过那里时，仍然看到小孩子坐在那里挑豆子。强上前问道："为什么你还在挑豆子呢？难道，你没有用那些钱去买吗？"

小孩子感激地对他说："叔叔谢谢您，我没有去买豆子，我想将那些钱攒下来给奶奶治病。这些豆子我马上就可以区分开的。叔叔您是个拥有爱心的好人。"

强又继续说："你刚刚挑了这一点，怎么能马上挑好啊！这你要做到何年何月啊？"

小孩子坚定地说："我相信总有一天我会挑完的。"

强被小孩子坚定的信念所震撼，他知道那是一种爱在支撑着他，给了他挑战困难的信心和勇气。

🌸 人生感悟 🌸

爱就是力量。只要心中充满爱，任何困难、挫折和艰难险阻都阻挡不住你前进的脚步。生活因为有爱才有了希望，世界因为有爱才会多姿多彩。

把烦恼留在家门外

昌辉到一个朋友家做客，出了电梯，只见门上挂了一方木牌，上面写着："把烦恼留在家门外。"

昌辉的心突然惊了一下，久久地思考，不禁对这家人萌生了无限感佩。因为这几个字蕴含着深奥的家庭哲理。

主人的家里气氛欢乐、和平，孩子大方有礼，一种看不见却感觉得到的温馨、和谐，满满地充盈着整个房间。

谈话间，昌辉问及那方木牌，女主人笑着望着男主人："你说吧。"男主人则笑了，看着女主人："还是你说吧，这是你的创意，你最有发言权。"女主人甜蜜地笑了，说道："这是我们共同的理念。"

接着她轻缓地说："这是我的座右铭，通过这想提醒一下自己，作为女主人，有责任把这个家经营得更好，让家人生活得快乐一些。但真正的原因，是有一次在电梯的镜子里，我看到自己的脸充满了疲惫，眼睛暗淡而无神……当时我感觉特别难受。于是，我开始想，当孩子、丈夫面对这样愁苦的面孔时，感觉会好受吗？如果我面对家里人这样的脸孔时，心里会有什么样的反应呢？接着我想到孩子在餐桌上的沉默、丈夫的表情，这些都是由于我的原因，当时我吓出一身冷汗，为自己的疏忽而感到内疚……于是，在当晚我便和丈夫谈了这个问题，第二天就写了一方木牌钉在了门上来提醒自己……"

多么有智慧、多么可爱的女人。

天下的好与坏，幸与不幸，快乐和痛苦，好似是一枚硬币的两面，也许在一念之间的转换，就可以发现不一样的世界。而真正的幸福，最主要的还是取决于一个人的思想，能不能审视、省悟自己的言行态度，而有所改变，也全都掌握在自己的手里。

依赖、不负责任是人性中共有的弱点，很多时候，我们经常会把自己办不到的事，寄望别人能够做到，尤其是最亲近的人。表现在一个家里，就是每个人都希望身边的人尊重我、体贴我、了解我、对我好、给我方便，却往往忽略了"我"给这个家带来了什么。

实际上，在每个人的生活中，"家"是一个硬件，"人"是发挥各种功用的软件。如果每个人都把自己的烦恼与不快带进来，那么家也就失去了温暖，取而代之的就是愁云惨雾。

当然，这并不是说任何时候都"报喜不报忧"。互相分享，也互相分担，是家的功用之一。分担的意义在于通过沟通达到最好的目的，而不是绷紧没有任何表情的脸，将心中的怨气，毫无道理地扔给其他人，或是觉得别人做的始终是不对的。

　　沟通，对任何人而言都是绝对必要的，对家来说更是如此。有话坐下来好好地讲，这样别人才能知道你的想法，理解你的初衷，也帮你自己整理思绪、稳定情绪。最可怕的是什么事都埋在心底，却期望别人了解自己，一旦别人不明白自己的想法时，又萌生了失望和伤感，从而将怨气通过其他方面宣泄出来，结果把家弄得不再安宁。

❀ 人生感悟 ❀

　　家，应该是最舒服、安全、稳定、快乐的地方，这些内在的境界绝不会自己产生，而是需要家庭每个成员一起努力共同经营得来的。家庭就如一份空白的存折，你把快乐存进去，收获的利息就是快乐；你把烦恼存进去，收获的自然是痛苦。

彼此让一步路，会更宽

　　在加拿大的魁北克有一条南北走向的山谷。也许人们会认为山谷随处都有，没有什么新鲜的。不过加拿大魁北克的这条山谷却值得人们去看一看，因为它的西坡长满松、柏、女贞等树，而东坡只有雪松。因此，这一现象便成了一个谜，许多人都没有参透其中的含义，一直没有得出令人满意的结论。后来，这一奇观的谜，竟被一对夫妇揭开了。

　　1983年的冬天，这对夫妇的婚姻已经处于濒临破裂的边缘，可是，他们曾经真心相爱过，又不舍得就这样放弃自己曾经爱的人。为了重新找回昔日的爱情，他们打算做一次浪漫的旅行。他们决定，如果在这次旅行中，双方能够找回以前纯真的爱情就继续生活下去，如果不能就平心静气地友好分手。

　　当夫妻二人来到这个山谷的时候，下起了大雪。他们挑起帐篷的帘子，向山坡上望去，满天飞舞的大雪再加上特殊的风向，使得东坡的雪比西坡的雪大得多，而且来得密。一会儿，雪松上就落了厚厚的一层积雪。当雪积攒到一定的程度时，雪松的枝丫似乎富有弹性，自然地向下弯曲，将压在自己身上的积

人生感悟每日读

第五章·经营好情感 享受幸福人生

雪抖落在地上。这样一次又一次地重复同样的动作，使得雪松完好无损。与雪松相反的是其他的树，它们不具备能屈能伸的弹性，所以当雪积攒到一定程度后，树枝就被压断了。

西坡的树木有一些逃过了这次劫难，不是因为它们有与雪松一样的智慧而躲过此劫，而是因为西坡的雪小，所以西坡除了雪松，还有松柏和女贞之类。

帐篷中的妻子发现了这一景观，对丈夫说："东坡肯定也长过杂树，只是它们不能领会屈与伸的道理，所以才会被大雪摧毁。"

丈夫没有说什么，只是点头默许。过了一会儿，两人相互对望，似乎都领悟到了什么，相互拥抱在一起。

❧ 人生感悟 ❧

对于外界压力能承受时努力去承受，但人的承受能力毕竟是有限的。当你承受不了时，别忘了弯曲一下，像雪松一样让一步，这样就不会被压垮。

宽容是婚姻幸福的源泉

有这样一则童话故事：一对清贫的老夫妇生活在乡村，有一天他们想把家中唯一值点钱的一匹马拉到市场上去换点更有用的东西。

于是老头子牵着马去赶集了，他先与人换得一头母牛，接着又用母牛去换了一只羊，再用羊换来一只肥鹅，然后又用鹅换了一只母鸡，最后用母鸡换了一大袋烂苹果。

当他处理完事情，扛着大袋子来到一家小酒店歇脚时，遇上两个人，闲聊中他谈了自己赶集的经过。两个人听后哈哈大笑，说他把事情办砸了，回去准得挨老婆子一顿揍。

老头子坚称绝对不会发生那样的事情，于是那两个人就用一袋金币打赌，如果他回家未受老伴任何责罚，金币就算输给他了。约定好后，三人一起回到老头子家中。

老太婆见老头子回来了，非常高兴，又是给他拧毛巾擦脸又是端水解渴，老头子开始讲赶集的经过。

老头子也够诚实，毫不隐瞒地把全过程一一道来。

每听老头子讲到用一种东西换了另一种东西时，老婆子竟十分激动地予以肯定。

最后听到老头子背回一袋已开始腐烂的苹果时，她同样用赞许的口吻，大声说：我们今晚就可吃到苹果馅饼了，并搂着老头子，深情地吻了他的额头……

那两个人看得傻了眼，自然输掉了一袋金币。

人生感悟

夫妻之间最重要的基础是宽容、尊重、信任和真诚。即使对方做错了什么，只要心是真诚的，就应该重过程重动机而轻结果，这样才能有家庭的和睦。夫妻的恩爱、宽容是善待婚姻的最好方式，彼此理解对方的行事做法，没有过分的要求，也不抱怨，爱的源泉必然生生不息，婚姻一定如童话般妙趣横生，和谐美满。

恋爱中的矛盾需要沟通化解

造成恋爱中的矛盾，有多种原因，而其中一方不能理解另一方，致使双方的沟通出现障碍，感情出现裂痕，是最常见的一种。所以，在恋爱的过程中要尽可能地多理解对方，了解对方的性格特点、心理倾向等。

恋人在交往的过程中，常常会产生一方要把对方改造成自己理想中的完美爱人的倾向。为了达到这个目标，在交往的过程中，有时往往不合实际地要求对方摒除以往的习惯和言行，以适合自己心中的理想形象。殊不知，这种情况是很难变成现实的，一个人的好习性都是在多年的成长过程中形成的，不可能因为一场爱情就使整个人脱胎换骨、焕然一新。

人人都希望被欣赏而不愿意被改造，因此，要学着多欣赏对方，少挑剔对方，把对方看成一件"艺术品"，而不是"半成品"。没有完美的爱，要想维持你的爱情，避免矛盾，就要多些欣赏，少些挑剔。真爱是发自内心的，为爱付出也应是自发的、心甘情愿的，要想真正加深彼此之间的感情，绝对不要强迫对方为自己付出什么。

每个人都有自己的缺点，如果为了双方的感情不受影响，一味地迁就、忍让，长期下去积怨就会累加、矛盾激化，最后还是避免不了产生矛盾。最好的办法就是通过正确的方法帮对方改正缺点，从而有效避免矛盾的发生。帮助对方改正缺点，并不是一件很容易的事情，需要你把握好方式与尺度。

（1）委婉地表达自己的意见。

如果对方的缺点是天性，直接要求对方改正，势必会使对方难堪，甚至生气。假如采取委婉的表达方式来发表自己的意见，就较容易使对方接受并改正了。

小张和本单位的小赵谈恋爱时，小张有某种优越感，因为她父亲是该市的副市长，而小赵是农家子弟，大学毕业分在局里做科员。有一次小张到小赵家做客，吃过晚饭后，小张又是要冷饮，又是要西瓜，不断地支使小赵的妹妹。小赵看在眼里，心里很不是滋味。但他没有发作，反而笑着对妹妹说："要当师傅先学徒嘛！你现在加紧培训一下也好，等将来你嫁到别人家里，也好摆起师傅的架子来。"聪明的小赵不失时机地用"要当师傅先学徒"的俗话来提醒小张，避免了直接冲突。即使对方当时略有不满，过后也会有所感悟的。小张以后果然收敛了许多。

（2）与对方倾心交谈。

制止或纠正恋人的某种缺点，有时需要用合情合理的方式与对方进行倾心的交谈。这个时候对方的想法可能存在着谬误，做法掺杂着任性。尽管这样，只要你与对方进行倾心交谈，你的立场占理，对方就会听从你的意见。

❧ 人生感悟 ❧

世界是由矛盾构成的，恋爱中的矛盾更是不可避免，每个人都有必要学会努力减少矛盾发生的方法，并有效地化解矛盾，使爱情变得更美好。

友情与爱情需分清

有些处于恋爱年龄的人，常常因为分不清友情和爱情而苦恼，领悟不到对方的示意或误解对方的心意都是不好的。为了避免产生误解、发生误会，在平日里一定要掌握分清友情和爱情的方法。

对于友情与爱情的区别，日本一位心理学家提出了五个指标：

（1）前提不同。

友谊的前提是"理解"，爱情则是"感情"。友情最重要的支柱是彼此的相互了解，不仅是对方的长处优点，就是短处缺点也要充分认清。只有这样，才能产生友情。爱情则不然，它是对对方的美化，视作理想后产生了恋爱，贯穿其全过程的是感情。

（2）要求不同。

友情双方的地位"平等"，爱情却要求"一体化"。朋友之间立场相同、地位平等，彼此之间无须多余的客气，也没有烦恼的担忧。如果遇到对朋友不利时，可以直率地提出忠告，甚至动怒，要义正词严地规劝。朋友之间，就是这样，有人格的共鸣，亦有剧烈的冲突。爱情则不然，它具有一体感，身体虽二，心却为一，两者不是互相碰击，而是互相融合。

（3）规则不同。

友情是"开放的"，爱情则是"关闭的"。处于友谊关系中的双方，都不会在乎对方在与什么样的人交往，他们能坦然自在地相处，而且彼此都以开放的态度接纳对方的朋友。而处于恋爱阶段的双方，会对一方与别的异性有亲密接触而产生烦恼、嫉妒、不安、苦涩，因为恋爱使人产生排他性。

（4）基础不同。

友情的基础是"信赖"，爱情中则纠缠着"不安"。一份真诚的友情，具有绝对的信赖感，犹如不会动摇的磐石。相反，一对相爱的男女，虽不是怀疑对方，但却总是被种种不安所包围，比如"我深深地爱着她，她是否也深深地爱着我？""他的态度变了，是不是还和以前一样地爱着我？"

（5）期望不同。

友情充满"充足感"，爱情则充满"欠缺感"。当两个人是亲密的好朋友时，彼此都有满足的心境。但当两个人一旦成为情人时，虽然初期会有一时的充足感，可不久之后，就会生出不满足感，总希望有更强烈的爱情保证，经常有一种"莫名的欠缺"尾随着，有着某种着急的感觉。

青年男女处于恋爱年龄段可以参照以上日本学者的观点来判断，你与异性间的关系到底属于友情范畴还是爱情范畴，如果能做出明确的辨别，自然而然你就会知道接下来该怎么做了。

只要你掌握了爱情所独具的排他性、冲动性和隐曲性的特征，就可以区别对方对你是友情还是爱情。假如你在对方面前表现出与其他异性之间言谈亲密、无拘无束，对方没有任何不自然的表示和情感反应，那他（她）对你很可能是友情而不是爱情；假如对你试探性的语言和行为，他（她）无动于衷，表现得满不在乎，更没有丝毫紧张和不自然，那么他（她）对你的情感多数停留在友情的程度。

隐曲性是友情与爱情的又一大区别。爱情存在着隐曲性，也就是说友情不需要避人耳目，而恋人就不可能总是在大庭广众之下卿卿我我了。所以，如果面对你的帮助与关怀对方不回避，对你也没有过悄声细语，而是随随便便，对你"有目的"的单独约会总是借口推托……那么，很可能对方对你只有友情而非爱情。

❀ 人生感悟 ❀

每个人都不可避免地会与异性相处，前提是先分清双方的关系到底是友情还是爱情，分清了，就能找到准确的行为方式，以便进行沟通。否则，就容易产生误解，造成遗憾或误会。

第六章 知足常乐 善莫大焉

人生的意义在于获得幸福。无论是禁欲主义者，还是快乐主义者，他们都是在追求属于自己的幸福。只是因为他们对幸福的认识和感觉有区别，好像有的人在追求幸福，有的人在追求不幸而已。幸福是行为规则，在人们的实际行为领域，有物质幸福和精神幸福之别。但是，无论是哪种幸福，都有一个限度，人不可能无限地获取，也不可能无限地失去。事实上，能够懂得满足就是最大的幸福。

抓住当前的快乐就是富有

蔚蓝的天空，飘着朵朵白云，海面风平浪静，让人心情舒畅。

快到午时了，一个老渔夫悠闲地坐在海边，一边抽烟，一边凝视着大海，身旁是他的渔船。他看起来满足而自在，心中没有任何杂念。这时，从远方驶来一艘快艇，一个富翁走了过来。两人开始了下面的对话。

富翁："这么好的天气，为什么还坐在这里抽烟呢？"

老渔夫："既然天气这么好，为什么不坐下来抽烟？"

富翁："这么好的天气，你就不能坐下抽烟！应该抓紧时间出海打鱼。"

老渔夫："我一大早就出海了，现在已经回来了，打的鱼足够满足几天的生活之需了。"

富翁："天气这么好，那你应该抓紧时间再多出去几次，打更多的鱼。"

老渔夫："那打完更多的鱼以后呢？"

富翁："然后每天再继续去打啊。"

老渔夫："那再然后呢？还要做什么呢？"

富翁："然后你用赚来的钱，买一艘新船，租给别人。"

老渔夫："租完以后呢？"

富翁："那你就可以赚很多的钱，买更多的船，赚更多钱，做更多的事情啊……"

老渔夫："那有了钱以后呢？"

富翁："那你就成功了，就可以悠闲地坐在海边，抽一袋烟，无牵无挂，享受幸福的人生了！"

老渔夫："你看我现在在做什么呢？"

富翁："你在……"

富翁无话可说了。

我们生活在竞争激烈的时代，每天都面对着生存和发展的压力，为了更好地生活，常常心力交瘁而疲惫不堪。但是，我们是否静下心来，仔细想过，我们到底在追求什么呢？是快乐还是痛苦呢？很多人整天都在憧憬发大财、做大官、获得名望和地位。为了这些所谓的成功，用辛苦和烦恼替换了一天天美好的时光，却仍乐此不疲。就这样，为了享乐，苦苦追求了一生，为了休息，匆匆忙忙过了一生。

人的一生不该碌碌无为虚度光阴是正确的，但只有追求美好的目标，才是健康的人生。而要追求美好，就不要错过每一天你身边的美好时光。

🌸 人生感悟 🌸

是否快乐，关键看你对待世界拥有一个怎样的心境。人生在很多时候，是否拥有快乐，不是因为拥有得多，而是因为计较得少。

活得太累都是自己找的

经常会听到有人说"生活真是太累了！"其实，生活本身并不累，它只是按照自然规律、按照它本身的规律在运转。说生活太累的人只是因为他本人感觉太累。

生活的涵盖量可以说是包罗万象，丰富多彩。生活在这个世界上，你要为衣、食、住、行去奔忙，要去应付各种各样难以预料的事，要去与各种各样的人打交道。谁也不能保证自己所接触的事都是好事，所遇到的人都是善良的人。因此，生活中必然会有这样或那样的不足，有喜就会有悲，有幸运之神也会有不幸的降临。人有君子就有小人，有高尚的就有卑鄙的。任何事物都是相对而生的，有阴就有阳。否则，生活就不能称之为生活了。只有各种各样的事、各种各样的人生活在一起，互相交流、互相作用，才能构成色彩斑斓的生活，也只有这样的生活才是有滋味的，才是丰富多彩的。

生活中，不可避免地要面对着各种各样不合自己心意的事，和各种各样与自己性格相左的人共处，你是坦然、磊落、轻松地对待，还是谨小慎微，经常抱怨或者发脾气呢？无论怎么样，有一点是要做到的，那就是不要让自己长期生活在紧张、压抑之中，不要让自己的神经绷得太紧。换句话说，就是生活得不要太累了。必要的时候，放松一下自己，轻松地去生活，去面对人生。

生活是公平的，对谁都是一样，没有绝对的幸运儿，更没有绝对的倒霉鬼。你感觉自己不幸，别人同样有烦心的事；别人有好机会，你也会遇到好运气。正因为这样，千万别认为自己是最不幸的，更不要让自己困在自己织的网中，挣扎不出来。

感觉生活太累的人一般都是一些胆小怕事者。每说一句话都要考虑别人会怎么看待自己，是否因为这一句话而伤害到其他人；每做一件事都要前思后想，深恐自己的行为举动给自己带来坏的影响。他们在工作中，对领导、同事小心翼翼；生活中对朋友、邻居谨小慎微。其实，在你周围的人，每个人的脾气都不一样，无论你怎样谨慎，你都不可能做到使每个人都满意。即使你样样谨慎从事，对你有成见的人还是大有人在的。所以，只要你不违背常情，不失去自己的良心，挺起胸膛来做人做事，效果比谨慎会更好。

感觉活得太累的人往往不能很好地调整自己，一旦遇到不幸的事发生，不能辩证、乐观地去看待。而是消极、悲观地去看待生活，似乎世界末日就要来临了。

任何人如果长此以往，一直生活在心情沉重、感情压抑之中，将是非常可怕并可悲的事。处处都要考虑得失，时时都要注意不必要的小节，那么你去干大事，去成就你的大事业的时间将化为乌有。因为你连很小的一件事都要左思右虑，宝贵的时间就在你的犹豫中悄悄地流逝了。也许，当你即将老去、再回首往事的时候，你就会发现自己是那么渺小，两手空空，一事无成。到那时，你再后悔已经没有任何意义了。

感觉到生活太累的人，是无法看到生活中光明的一面的，更体会不到生活中的乐趣。因为他的时间全部放在了周围狭小的一点空间，而无暇顾及其他的事情。更为严重的是，他的生活是非常被动的，他不愿主动去做什么，总是患得患失。这样的生活永远都不会是幸福的，更没有快乐可言，他永远都背着沉重的生活包袱。

❦ 人生感悟 ❧

　　既然活得累是件很痛苦的事，既然生命对我们来说是那么宝贵、那么短暂，为什么不换一种活法，活得轻松一点，努力去感受生活中的阳光和快乐呢？即使工作任务很重，人际关系复杂，也要抽出一点时间来放松一下自己，这对你的工作会更有益处，你也会因此发现新的天地。

用平常的心对待发生的一切

炎热的夏日已来临，但是庙里的草地上依旧是枯黄一片。

为了给枯黄的草地平添一些生机，小和尚跑到老和尚的禅房说："师父，咱们在草地上撒点草籽儿吧！那片枯黄的草地实在太难看了。"师父赞许地看着小和尚说："可以，等天气凉快一点吧！"

转眼间中秋到了，小和尚跑到老和尚的禅房去要草籽。小和尚接过老和尚手里的草籽快乐地跑了出去。当小和尚打开草籽袋子时，一阵秋风吹过，草籽儿被风吹落了一地，随即不知道飘到了何方。小和尚急得喊了起来："师父，不好了！许多草籽儿都叫风给吹走了！"

看着小和尚着急的模样，老和尚不动声色地说："没关系，留下来的是最好的，被风吹走的大多数是空的，种下去也不会发芽，随它去吧！"

小和尚听完师父的教导，又开心地跑了出去，准备把剩下的种子播种下去。可谁知，刚刚种下的种子又引来了一大群麻雀。小和尚急得直跺脚，跑着去告诉师父："师父，不好了，不好了，刚刚种下的草籽儿又遭遇到麻雀的袭击，让它们给吃了，这下可完了。"师父和颜悦色地说："不用担心，麻雀吃去的只是一小部分，那么多的种子，麻雀是吃不完的，顺其自然吧！"

播种那天夜里，忽然下了一场暴雨。小和尚早早地起来去看他昨天种下的草籽，看后马上返回去找老和尚，说："师父，这下儿可真完了，草籽儿都让雨水给冲走了！"

老和尚温和地说："没关系，冲到哪儿就让它在哪儿发芽儿生根，一切都让它顺其自然吧！"

半个月后，小和尚惊奇地发现，原来那片枯黄的草地上居然长出了一片青翠可人的绿色小苗，而且以前没有撒种的地方也有绿意泛出。

小和尚高兴得合不拢嘴，他想尽快地将这个好消息告诉师父。于是三步并做两步地跑到了师父的房间，对师父说："师父太好了，咱们种下的草籽发芽了，而且没有播种的地方也有小草长出来。"师父眯起笑眼，慢慢地点着头说："顺其自然、顺其自然。"

别把生活限定在某一个特定的时间、空间、标准上，坚持随遇而安、顺其自然，在平凡中感悟幸福的真正含义。摒除生活中令自己不快的事，这样我们就可以收获幸福和喜悦。

❀ 人生感悟 ❀

凡事要以一颗平常心去对待，是你的终归是你的，不是你的也不要去强求，一切都顺其自然、随遇而安，才能在平静的生活中，感悟快乐的真谛。

每个人的快乐都是不同的

下午放学后，杰利一个人坐在学校操场的篮球架下看书，这时一只小燕子舞动着翅膀停落在杰利面前。

杰利将注意力从书中转移到燕子的身上，只见它正认真地梳理翅膀上那美丽的羽毛，杰利羡慕地对燕子说："燕子啊，我好羡慕你那对漂亮的翅膀，它可以带你去想去的地方。可我却不能。"

听到杰利的话后，燕子停止整理羽毛的动作，抬起头看着杰利说："孩子，在天空中飞翔的生活也不见得比你幸福啊！虽然我可以飞往我想去的地方，可是也必须有个目标，如果漫无目的地飞会令我感到厌倦。我也会羡慕你，想和你一样有个自己的家，睡在温暖的床上好好休息。可是，这样的想法毕竟不现实啊！"

杰利笑着继续对燕子说："你说的话很有道理，我也知道这只是梦想，可是我还是很羡慕你，我梦想自己插上一双强有力的翅膀，可以翱翔在蔚蓝的天空中。我不喜欢学校的规定，也不喜欢爸爸妈妈给我的规定，那些都让我感到不快乐。我不像你可以自在地生活，没有人管着。"

燕子又理了理身上的羽毛轻声地说："孩子，大自然有它的法则。我必须了解大自然的法则，必须遵守大自然的法则，该飞的时候就飞，该休息的时候就休息。世上万物相生相克，我也有害怕的事情，也有不喜欢做的事情，也不是像你想象的那样自由啊。你看，下雨的时候，我们要在树林或草中躲避雨水，避雨时还要提防周围的危险。说不定什么时候，就会被狡猾的狐狸咬一口。所以说，我们燕子的生活也不像你想象中的那么快乐啊！不过我们可以自己给自己寻找快乐。在你的生活中难道没有能令你快乐的事情吗？"

杰利说："有啊！我最喜欢看书，每次看书都会让我觉得快乐，让我觉得我好像跟书中的人物一起过了个愉快的下午。"

燕子说："是啊，人人都有令自己快乐的生活方式。你还是接受你那现实的生活吧，在诸多的规定中寻找可以让自己快乐的生活方式，不是也很好吗？这样的快乐才是真实的！不要再羡慕我了，其实我也很羡慕你呢！"

生活中的许多烦恼都源于盲目的攀比，而忽略了享受自己的生活。"境由心生"，只要你找准令自己快乐的生活方式，那么你就会品尝到幸福生活的甘甜。

❀ 人生感悟 ❀

生活中苦乐全凭自己判断。一个人的处境是苦还是乐常是主观的，虽然和客观环境有一定的关系但并不是决定性因素。"境由心生"，只要心态好，挖掘出自己的快乐，生活自然快活舒心。

贪欲的暴长会让你失去一切

在一片茂密的大森林里，一个老汉正在卖力地砍柴。当他抡起斧子正准备砍一棵树时，一只金嘴巴的小鸟从树上飞下来，对老汉说："你为什么要砍倒这棵树呀？"

老汉说："家里的柴已经快要烧完了。"

小鸟说："你不要砍倒它。回家等着去吧，明天你家里会有许多柴。"

老汉听了小鸟的话，两手空空地回家了。

第二天，果然院子里堆满了柴，老伴高兴地叫他出来看，不解地问老汉是怎么回事，老汉就将遇到小鸟的事情原原本本地告诉了老伴。

老伴说："虽然咱们有柴烧了，可是我们却没有粮食。你再去找小鸟要点来吧！"

老汉听从了老伴的话，又来到森林里的那棵树下。这时，小鸟飞来了，它问："你想要什么呀！"

老汉把老伴的想法告诉了小鸟。第二天，他们家的粮仓里就堆满了粮食。

老伴非常高兴，她告诉老汉，家里虽然有了粮食，但是我的穿着还是很破旧，并且也没有人服侍，你再去找小鸟吧。于是老汉又到了森林里。

小鸟听完后，依然让老汉回家等。

第二天早上醒来，他们发现自己的愿望果真实现了。自己穿着绫罗绸缎，而且还有很多的侍卫和婢女。贪婪的老伴仍然不满足，她对老汉说："去，找金嘴巴鸟去，让它把魔力给我，让它每天早上来宫殿为我跳舞、唱歌。"

老汉再次将老伴的意见转达给了小鸟。

小鸟愤怒地瞪着眼睛说："回去等着吧！"

老汉又回到家，和老伴等待着。

第二天起床后，他们发现原来拥有的一切都化为乌有，自己也变得老态龙钟了。人的欲望永远没有止境，拥有了稳定的生活还要去追求安逸，拥有了安逸的生活还要去追求奢侈的物质享受。欲望如果这样不断地膨胀下去，根本就没有结束的那一天。

还有这样一个故事。古希腊一位美丽的公主特别疼爱她那只宠物——波斯猫。有一天，公主不小心丢了自己的宠物，于是国王命画师画了数千张波斯猫的画像贴在全国各地，而且张贴出告示：谁要将猫送回奖励金币10枚。

告示张贴出去以后，送猫者络绎不绝，但都不是公主丢失的那只。公主想：大概是捡到猫的人嫌钱少，所以迟迟未见自己的那只。于是，她将这个想法告诉了国王，国王又把赏银提高到50枚金币。

这时，一个乞丐在宫廷花园外面的墙角边拾到了公主的宠物。当他看到告示后，正准备立刻抱着猫去换50枚金币的时候，经过一家杂货铺，发现原先的50枚金币已经涨到了100枚金币。乞丐想：假如把猫藏起来，过几天赏银还会增加的。过了几天，他又跑去看告示，果然奖金已涨到150枚金币。

接下来的几天里，乞丐天天去看墙上的告示。当奖金涨到了令人难以置信的高度时，乞丐决定将猫送进城堡去换赏银。谁知，当他准备带上猫去领奖时，猫已经死了。因为这只猫每天吃的都是山珍海味，对乞丐在垃圾堆里捡来的东西根本吃不下。

贪婪往往使人们丢失许多宝贵的东西，像故事中乞丐那样望着50枚金币等待着100枚，望着100枚又期待着它升得更高，结果呢，落得空欢喜一场。

❧ 人生感悟 ❧

贪婪是苦海，它会让你的欲望永远没有尽头，生活永远找不到快乐。而保持一颗知足常乐的心态，珍惜现在所拥有的，你会发现其实你是世界上最富有的人。

身在福中要知福

曾经有位非常富有的财主名叫伯当。一天，当他愁苦地行走在路上时遇到了阿凡提。他忧郁地对阿凡提说："聪明的阿凡提先生，我想向您请教一个问题，您能告诉我怎样才能买到快乐呢？"

阿凡提好奇地问道："你为什么要买快乐？"

伯当说："虽然我生在官宦之家，家里很有钱，可是生活中却缺少一种最重要的东西——快乐。我从来不知道什么叫作真正的快乐，如果能让我感受一下快乐的美妙，我愿意付出我所有的家产。只要能让我体验一下，哪怕只是短暂的一瞬间，我也愿意。"

阿凡提笑了笑说："我有让你体验真正快乐的秘方，不过我只怕你支付不起它的费用，你带了多少钱，可以让我看看吗？"

伯当从兜里掏出装满钻石的锦囊递给阿凡提，可是阿凡提接下来的行为却让他大吃一惊。只见阿凡提看也不看，抓住装满钻石的锦囊，掉头就跑。

伯当吃惊地愣在原地，当他回过神来时才明白自己被抢了。他连忙大叫："来人呀，有人抢劫啦！"可是任他喊破喉咙也无人管他，他只好依靠自己的力量去夺回被阿凡提抢走的财产。他拼命地追着，直到跑得满头大汗、全身发热、口干舌燥，也没发现阿凡提的踪影，他绝望地跪倒在偏僻的小路上，失声痛哭，没有想到快乐的秘方没有找到，自己身上的钱财也被人抢光。正当他哭得声嘶力竭，站起来的时候，突然发现被抢走的锦囊就在路旁的一块石头上。他兴奋地站起来抓起锦囊打开查看，发现锦囊里的钻石原封未动。刹那间，一股极大的快乐充满了他的全身。

这时，一直躲在巨石后面的阿凡提走了出来，看着伯当快乐的样子，欣慰地问："你刚才说的话还算不算数？"伯当疑惑地看着他。阿凡提解释道："你说过如果有人能让你体验一次真正的快乐，即使只是一瞬间，你也愿意把你所有的财产赠给他，这句话是真的吗？"

伯当说："当然算数。"

阿凡提微笑着点点头继续说："刚刚在你找回锦囊的那一瞬间，是不是感受到了一种莫大的快乐呢？"

"是呀！的确像你所说的那样，我刚刚体验到了快乐的真正含义。"伯当兴奋地回答着。

听到伯当的回答，阿凡提快乐地转身离开了。

❀ 人生感悟 ❀

人生中最大的快乐来源于自身，要懂得知足。只有这样才能保持一个良好的心态去面对生活。善于把握自己所拥有的幸福，才是懂得生活的人。生活中，许多人身在福中不知福，不重视自己所拥有的，总认为别人的才是最好的，看不到自己所拥有的幸福，实际上这是一种舍本逐末的做法。

生活给你的不会多，也不会少

有一位女高音歌唱家，刚过而立之年，就已经闻名全国。而且她还拥有一位如意的丈夫、一个美满幸福的家庭。

一次，当她刚举行完一场成功的音乐会准备离去的时候，她和丈夫、儿子被一群狂热的观众团团围住。人们争先恐后地与歌唱家攀谈起来，赞美与羡慕之辞充盈着整个会场。为了表示对大家的谢意，她没有拒绝大家。

这时大家的赞美之辞纷至沓来，有的人恭维歌唱家少年得志，很年轻就走进了国家级剧院；有的人恭维歌唱家年轻有为，将来必有更大前途；也有的恭维歌唱家有一个优秀的丈夫，又有一个活泼可爱的小男孩。

人们议论纷纷，歌唱家只是静静地听，微微地笑了笑，什么也没有表示。等到人们把话说完后，她才缓缓地说："首先我要谢谢大家对我和家人的赞美，也感谢你们对我的支持和鼓励，我希望把我的幸福和快乐也带给你们。但是，你们只看到了事情的一方面，还有一方面你们没有看到，那就是我活泼可爱的小男孩，是一个不会说话的哑巴。"

人们震惊了，你看看我，我看看你，大家面面相觑，不知说什么好，似乎很难接受这样的事实。这时，歌唱家又心平气和地对人们说："这一切也许并不意外，它只能说明一个道理，那就是，上帝是公平的，给谁的都不会太多。"

❧❧ 人生感悟 ❧❧

生活是公平的，给予此就不会给予彼。给谁的都不会太少，给谁的也不会太多。不要只看到或羡慕别人拥有的，而看不到自己拥有的，应该认识到，自己有的别人却未必有。

珍惜眼前的收获

从前，有一个人，他生前善良且热心助人，做了许多好事，所以在他死后，升上了天堂，做了一名天使。他当了天使后，仍然没有改变自己的秉性，经常到凡间帮助人，希望感受到幸福的味道和快乐。

一日，天使遇见一个下岗工人，他非常苦恼，向天使诉说："我已经下岗了，没有了生活来源，我怎能养活自己的一家人啊？"

于是，天使赐他一份工作，工人很高兴，天使在他身上感受到了幸福的味道。

又一日，他遇见一个妇人，妇人非常沮丧，她向天使诉说："我在火车上钱被人偷了，现在无法再回家了。"

于是，天使给她银两做路费，妇人很高兴，天使在她身上感受到了幸福的味道。

又一日，天使遇见一个年轻、英俊、有才华且富有的企业家，妻子貌美而温柔，但他却过得不快活。

天使问他："你拥有了那么多，还不快乐吗？我能帮你吗？"

企业家对天使说："我什么都有，但还少一样东西，你能够给我吗？"

天使回答说："可以。你说吧，要什么我就给你什么。"

企业家充满期望地望着天使："我要的是幸福，你有吗？"

天使想了一会儿，说："好，我明白了。"

于是，天使拿走了企业家的才华、财富并毁去他的容貌，夺去了他妻子的性命。

两个月后，天使再去看企业家的时候，发现他已饿得半死，衣衫褴褛地流浪在大街上。

于是，天使把之前的一切又还给了他。

一个月后，天使再去看企业家的时候。发现企业家和妻子，还有孩子正在高兴地谈论着未来的生活。因为，他得到幸福了。

人生感悟

人是很奇怪的动物，每当要失去的时候，才懂得珍惜。其实，幸福早就放在你的面前。幸福并没有绝对的定义，如果你用心，即使平常一些小事也能撼动你的心灵，幸福与否，关键在于你的心。

大难来临要有静气

有一份新创刊的《漫画周刊》，为了尽快扩大读者群体，提高发行量，该刊物的负责人推出了一个大胆的创意，筹划了一项"征画活动"，要求应征作品以"如果世界末日到来你要做什么"为主题，用生动形象的画表现出来。

在限定的日期内，来自大江南北的作品堆积如山。目的只为了赢得这场比赛，获取高额的奖金。在众多作品中，每位应征者都将想象力发挥得淋漓尽致，有的画中描述了一对情侣，他们在世界的最后时刻互相拥抱在一起，一边喝酒一边接吻；有的描绘的是一些白领人士在世界最后时刻坐在马路上焚烧钞票；有的充分发挥想象力，在世界的最后时刻乘上宇宙飞船逃往其他星球。

但是，在堆积如山的作品中，最后获得10万美金的却是一位身患残疾的女孩的一幅素描画，她在画中为人们展现的是一个和谐的家庭：妻子在厨房里洗碗筷，丈夫则坐在沙发上看报，两个小男孩，正坐在地板上摆弄着积木。

最后，评委们一致决定这幅画的主人是这次"征画活动"的最后胜出者。因为，她的画蕴含着一个真实且意味深长的道理。

也许你会认为，对于这样一个平凡的家庭生活图，我们随时可见。但是，假设明天是世界末日，几乎很少有人将会如此镇定自如，也许消极懒散、怨天尤人、哭天喊地是大多数人的表现。事实上，当你能坦然面对世界末日时，你就达到了人生的最高追求目标——平凡。

❀ 人生感悟 ❀

许多人都在追求不平凡的生活，认为那才是实现自身价值的唯一方式。其实，这种想法错了，真正懂得生命意义的是那些无论遇到什么样的事情，都能够心平气和生活的人。

对自己满足就是幸福

吃过午饭后，盖斯在回办公室的路上遇到一个在街头行乞的盲人，他并不像其他乞丐一样装作一副可怜兮兮的模样博得他人的同情，而是直立地站在那里高声歌唱。

盖斯停下脚步在他手中放了几个零钱。盲人用沙哑的声音说"多谢！祝你身体健康。"然后继续放声歌唱。

　　盖斯想："他有什么理由唱歌呢，我比他更有资格唱歌，可是我却没有。这是什么原因呢？"盖斯静静地站在盲人乞讨不远处的一个长椅旁。他那粗犷的歌声，显然与喧哗的商业区格格不入，就好像麻雀飞进了嘈杂的工厂，或迷失方向的小鹿在公路上徘徊。

　　在他身旁路过的行人一部分抱着好奇的心"欣赏"着他那"美妙"的歌喉；一部分觉得很不自在，低头绕道而行。幸好，他是个盲人，看不到别人各种各样的表情。

　　过了一会儿，盖斯再次走到他面前，问道："吃午饭了吗？"他停止歌唱，将脸转向盖斯说话的方向说："还没有。"

　　于是，盖斯为他买了一份午餐。盲人一边吃，一边向盖斯介绍了自己。他26岁，单身，跟哥哥、弟弟、父母亲住在一起。

　　盖斯默默地看着盲人津津有味地吃着东西，心想：我们虽然年龄相仿，但生活的环境却有着天壤之别啊！我吃的是美味可口的饭菜，而他却有可能饿肚子；我身着名牌，而他的鞋子却有个很大的洞；我进门有温柔贤惠的妻子照料，而他却没有。他是一个十足贫穷的流浪者，可是他却幸福地歌唱着，而且是那样勇敢地唱着。

　　盖斯看到盲人满足的表情，他突然意识到，盲人是因为满足而歌唱。在这位失去光明的乞丐心中始终燃烧着一根名叫满足的蜡烛，为他谱写幸福的人生之歌提供了光明。盖斯暗暗地想：其实自己比他更幸福，何故找不到自己那首幸福的生活之歌呢？难道它不存在吗？不，是因为自己没有发现生活的美好。想到这里，他豁然开朗，被工作生活压抑已久的苦闷消失得无影无踪，取而代之的是快乐的心情，他决定高声地唱出存在于自己心中的那首幸福的生活之歌。

❧ 人生感悟 ❧

　　生活中处处都飘着幸福的歌声，哪怕只是一杯冰茶，一碗热汤，或是一轮美丽的落日都能够给你带来幸福的感受。只要你是个有心人，自然可以从生活的点滴中品味到快乐的滋味。

快乐是一种感觉

一个商人经常带领长长的重载驼队在森林里的一条小路上经过，每当他路过那里时，都会看到一个樵夫正在卖力地砍柴。让他不解的是：樵夫的脸上总是爬满微笑，而他尽管很富有却整日愁眉苦脸。

一天，商人终于按捺不住内心的好奇，走到樵夫面前说："我真不明白，小伙子，你穷得叮当响，为什么还那么快乐呢？你是否有一个无价宝藏而不露呢？"

樵夫被商人的话逗得哈哈大笑："我也不明白，你那么富有，怎么整天愁眉不展呢？"

商人哀伤地说："我虽有钱，但我的家庭并不美满，所以我时常感觉很孤独。虽有家财万贯，但我却觉得自己是一个穷光蛋。我能被快乐围绕吗？"

樵夫若有所思地说道："我虽然没有你那么多的财富，但我却能时刻感觉到幸福的甘甜，因为我的家人都是我的靠山，所以我经常被快乐包围。"

商人问道："那你一定有一个贤良淑德的好妻子？"

"没有，我是个光棍汉。"樵夫回答说。

"那么，你一定有一个心仪的姑娘，且你俩的感情非常深厚。"商人肯定地说。

"没有。不过，我的生活中的确有一件东西让我快乐无比，我将那视为人生的一个最珍贵的宝物，因为是那位姑娘送给我的。"樵夫说。

"是什么样的礼物让你如此珍惜？是姑娘给你的定情信物、一个热情的吻、还是……"商人好奇地问。

"是那个美丽的姑娘在离开这个城市之前，对我投来了含情脉脉的一瞥！尽管我与姑娘从来没有交谈过。"樵夫幸福地说道。

商人张大了嘴巴，不敢相信樵夫竟然为了那一瞥而幸福成这个样子，于是就对樵夫说："难道这一点就值得你满足了吗？"

樵夫默默地点点头，商人若有所思地走了。

生活中，让人们感到快乐的事情有很多，关键看你是否把它放在心上，是否去珍惜。

幸福的人生，需要你满足曾经或者当前所拥有的快乐，并将其积攒起来，埋藏在心灵深处。每当想起它，你就会有一种发自内心的感动和快乐。

每件事情都要看积极的一面

在塞尔玛的生活历程中，曾有过一段令她永生难忘的事，那件事也是促成她现在生活幸福的重要因素。

塞尔玛随从军的丈夫到了沙漠地带。令她难以想象的是，在那里住的是铁皮房不说，还要与周围的印第安人、墨西哥人打交道，语言上的障碍根本无法交流。最让她难以忍受的是当地的高温，在仙人掌的荫影下都高达华氏125度，而这时又赶上丈夫奉命远征，留下她孤身一人在环境恶劣的沙漠中生活。为此，她整日愁眉不展，度日如年，感觉不到生活的乐趣，想念家乡的好，怀念父母的爱。无奈中她提笔给父母写了一封长信，在信中她描述了自己的处境，向父母表达了自己想要回家的心愿，希望父母能够同意。

信寄出去以后，她天天期盼着父母的回信。终于有一天，信到了，可拆开一看，信中的内容使她大失所望。父母既没有安慰她，也没有说让她赶快回去。那封信里只是一张薄薄的信纸，上面是一个简短的故事。

信中的故事是这样的：

"曾经有两个囚徒，他们被关在阴暗的监狱里，唯一可以让他们见到阳光的地方是那扇铁窗。一个人每天看到的都是一成不变的泥土，而另一个人却天天可以享受天上星星不停变化所形成的美妙景观。"

看过信以后，塞尔玛开始非常失望，心里还在埋怨父母，怎么父母回的是这样一封信？尽管这样，她还是非常喜欢读这封信，因为那毕竟是远在故乡的父母对女儿的一份关切。她反复阅读，认真思考，总感觉父母的信中有什么暗示。终于有一天，一道灵光从她的脑海里掠过，她领略到了这封信的意义。正是这封信照亮了她前方漆黑的道路，她惊喜异常，每天紧皱的眉头一下子舒展开来。

原来父母是为她的人生上了一堂重要的课，她终于发现了自己的问题所在：以前她的生活就像是第一个囚徒那样，只看到地上那一成不变的泥土，从来没有抬头看过，当然也就没有发现天上漂亮的星星。为什么自己不抬头看呢？只要抬头看，一定会有新的发现。生活中一定不只是泥土，还会有星星！为什么把自己置于忧愁与烦恼中呢？为什么不抬头去寻找星星，感悟星的美，去享受幸福美好的世界呢？于是，她决定改变自己目前的生活状态。

她开始主动和印第安人、墨西哥人交朋友，出乎意料的是，与印第安人、墨西哥人交往并没有她想象的那么困难，她发现他们都十分好客、热情，慢慢地他们都成了她的朋友，而且还送给她许多珍贵的陶器和纺织品做礼物。

为了丰富自己的生活，她还研究沙漠的仙人掌，一边进行研究，一边做笔记。在研究的过程中，她被仙人掌的千姿百态吸引住了，并深深地迷恋上了对仙人掌的研究。她欣赏沙漠的日落日出，她感受沙漠的海市蜃楼，她享受着新生活给她带来的一切。就这样，她的心情逐渐地好了起来，以前的愁容也消失得无影无踪。她发现一切都变了，她每天都仿佛沐浴在春光之中，置身于欢声笑语之间。

后来她回到美国，把自己的这一段真实的经历写成了一本书，名字叫《快乐的城堡》，在当时的美国引起了很大的轰动。

人生感悟

世界上的万物相生相克，彼此制约着。任何人和事都有优点和缺点，主要看人们选择怎样的角度来看待这个问题，以积极的还是消极的态度来处理它。一旦掌握好了这个度，生命的阳光就会更加的灿烂。

把握现在所拥有的

从前，有一座圆音寺，由于每天都有很多人上香拜佛，所以香火很旺，远近闻名。不知什么时候，在圆音寺前的横梁上有个蜘蛛结了张网。也许是受到旺盛香火和虔诚祭拜者的熏陶，这只蜘蛛便有了佛性，与众不同。经过一千多年的修炼，蜘蛛的佛性已经到了一定的程度。

一天，佛祖光临了圆音寺，当他看见这里香火甚旺，人气十足的时候，非常高兴。正在他准备离开寺庙的时候，不经意间看见了横梁上的蜘蛛。

佛祖停下来，问蜘蛛："你我相见总算是有缘，看你已经修炼一千多年，我来问你一个问题，希望你能够认真回答。"蜘蛛遇见佛祖非常喜悦，连忙答应了。佛祖问道："世间什么才是最珍贵的？"蜘蛛想了想，回答道："世间最珍贵的是得不到的和已失去的。我回答的正确吗？"佛祖没有说话，点了点头，离开了。

年复一年，很快又过了一千年，蜘蛛依然在圆音寺的横梁上修炼，这时候，它的佛性已经大增。

这天，佛祖又来到圆音寺巡察，他对蜘蛛说："你现在过得怎么样？一千年前的那个问题，你可有什么新的认识？"

蜘蛛沉思了一会儿，想起了自己每日看到的人在庙里祈求的都是难以实现的心愿和难以弥补的过失，于是说："这个问题没有变，我仍然觉得世间最珍贵的还是得不到的和已失去的。"

佛祖说："你再好好想想，以后我会再来找你的。我先走了。"

转眼间，时间又过去了一千年。

有一天，突然刮起了大风，大风带来了一滴甘露，将它吹到了蜘蛛网上。这只佛性大增的蜘蛛望着甘露，见它晶莹透亮，很是漂亮，非常喜欢。蜘蛛每天看着甘露很高兴，心里有说不出的喜悦，它不停地对着甘露说话，尽管它知道甘露也许听不懂，但蜘蛛已经很满足了。在这三千年来，它没有什么高兴的事情，直到遇到了甘露后它才感到一种满足。

但是，突然又刮起了一阵大风，这阵风将甘露无情地吹走了。蜘蛛一下子觉得失去了什么，心里空空的，无精打采，感到无比寂寞和难过。此时佛祖出现了，还是问蜘蛛："已经过了一千年，你好好想过我曾经问过的那个问题吗？"

蜘蛛心情非常低落，它又想到了甘露，于是心痛不已，它愈发地认为自己的认识是正确的，它坚定地对佛祖说："我的回答没有改变，世间最珍贵的是得不到的和已失去的。"

佛祖说："你能够这样执着很好，既然你有这样的认识，那么我让你到人间走一趟，看看那里的情况。"

就这样，蜘蛛投胎到了一个官宦家庭，成了一个豪门小姐，父母为她取了个好听的名字叫珠儿。不知不觉中，珠儿已经长大了，到了十六岁时，已经成了一个窈窕的少女，长得十分漂亮，楚楚动人，深得家人的喜爱。

也是在珠儿十六岁这年，新科状元甘鹿中第，皇帝决定在后花园为他举行宴会。当时来了许多妙龄少女，包括珠儿，还有皇帝的女儿长风公主。状元郎在席间表演诗词歌赋，大献才艺，在场的少女无不被他的才华所折服。

珠儿一点也不紧张，相反却非常地镇静，因为她知道，这是佛祖赐予她的姻缘。

几天后，珠儿陪同母亲上香拜佛的时候，甘鹿也陪同母亲而来。上完香拜完佛。二人便聊了起来，珠儿特别高兴，终于可以和喜欢的人在一起了，但是这只是珠儿的一厢情愿，甘鹿并没有表现出对她的喜爱和热情。

珠儿很着急，迫不及待地对甘鹿说："你难道忘了十六年前，你我在圆音寺的蜘蛛网上的事情了吗？"甘鹿非常诧异："你在说什么？我不知道你是什么意思。"说罢，头也没回就和母亲一起离开了。

珠儿回到家，心里愤愤不平，佛祖既然安排了这场姻缘，为何让他忘记了那件事呢，甘鹿为什么对自己没有一点感觉？难道佛祖在捉弄我？

几天后，意外的事情发生了，皇帝下诏，新科状元甘鹿和长风公主完婚，珠儿和太子芝草完婚。

这一消息对珠儿来说如同晴天霹雳，她无法理解，佛祖竟然会这样对她，由于过度伤神，她一病不起。

珠儿痛不欲生，不吃不喝，尽管请来了名医为她医治，但都没有任何效果，就这样珠儿的灵魂即将出窍，生命危在旦夕。

太子芝草知道了，急忙赶来，扑倒在床前，痛不欲生，他对奄奄一息的珠儿哭诉道："那日在后花园众姑娘中，我一眼就看见了你，产生了爱慕之情，我苦求父皇，他才答应。如果你死了，那么我也就不活了。"说着拔出宝剑准备自刎。

就在这关键时刻，佛祖来了，他对快要出窍的珠儿灵魂说："蜘蛛，你可曾想过，甘露（甘鹿）是由谁带到你那里的吗？是风（长风公主），而最后也是风将它带走的。事实上，甘鹿是属于长风公主的，他对你不过是生命中的一段插曲，你们注定是要擦肩而过的。而太子芝草就是当年圆音寺门前的一株小草，你可知道，他看了你三千年也爱慕了你三千年，在那漫长的日子里，你从没有低下头看过他一眼。而他最大的心愿就是能够和你长相厮守。他现在的痛苦和你一样深。甘鹿是你必须要失去的，你却是芝草得不到的，这种痛苦你感受到了吗……"蜘蛛听了这些真相之后，她的心在微微颤动，恍恍惚惚中，灵魂在慢慢地归窍。

佛祖接着说道"蜘蛛，现在我再来问你，世间什么才是最珍贵的？你还坚持以前的认识吗？"

"佛祖，我明白了，世间最珍贵的不是得不到的，也不是已失去的，而是现在，现在能够把握的幸福。"珠儿虔诚地说。

佛祖会心地笑了，点点头离开了珠儿。

此时，珠儿的灵魂也归位了，她睁开眼睛，看到正要自刎的太子芝草，马上用力打落宝剑，和太子紧紧地相拥在一起。

❧ 人生感悟 ❧

除了理智的爱以外，没有任何爱是永恒的。世间最值得重视，最值得珍惜的，不是得不到的，也不是刚失去的，而是现在能够把握的幸福。人生短暂，何苦执迷于不属于自己的东西。有谚语说：一万个"0"不如一个"1"。正可以说明什么是该珍惜的，什么是该把握的，一定要用智慧做抉择，那些得不到的，刚失去的，不见得就是最值得追求的。

第七章　心态平和稳定　生活从容无忧

人与人之间的能力并没有太大的差别，但有的人能成功，而有的人却失败了，这虽然有多方面的原因，但主要是因为个人的心态问题。有人说："你的心态就是你真正的主人。"你既可能去驾驭生命，也可能被生命所驾驭。你拥有的心态，将决定谁是坐骑，谁是骑师。同样一件事情，不同心态的人去做就会有不同的结果。要想改变世界，首先就要改变自己的心态，让自己拥有一种积极、健康、平和的心态，去过从容的生活。

尽情地享受每一天

从前有个十分消极的人，他总觉得生活中缺少激情，内心世界犹如一潭死水，简直乏味极了。朋友劝他去看心理医生。于是，他找到医生，将自己的情况描述了一遍。

医生微笑地看着他说："小伙子，把心态调整好，生活才能丰富多彩。"

小伙子愁苦地问医生："怎样才能把心态调整好呢？"医生继续说道："其实这并不难，我可以教你一个办法。你把今天当作是世界末日。早晨醒来时，你就想象，今天是你生存在这个世界上的最后一天。躺在床上时，你告诉自己这是最后一次躺在柔软舒适的床上了，当你再次醒来时就不会再看到这个缤纷的世界了。当你下楼吃早饭时，品尝着那美味的早餐，你又会想那是你最后的一顿早餐。当你聆听着太太温柔体贴的话语时，你会想到，这是你最后一次享受太太的柔情了。这时需要你做的不是像平常一样生活，而是尽情地享受你眼前所拥有的一切，因为这是你最后的机会了。

"当你走在上班的路上时，不要匆匆行走，而是要稳住脚步，欣赏你居住已久的家、你住的城市，热情地与邻里打招呼，因为这也是最后的一次了。当你乘坐公交车时，要清醒地知道，这是你最后一次坐公交车上班，假设以前你从来没有给别人让过座，今天你要显示一下绅士风度，给别人让一下座，因为这是你最后一次为别人服务了。"

小伙子从医生那儿回来后，仔细思考着医生的话，并决定当天就按照医生的建议去做。

坐在拥挤的公交车上，他仔细观察着窗外的景致，而不是像以前因车内的拥挤而烦躁不安，结果发现街道和人流并没有那么烦人，相反，将二者结合起来却有着一种独特的味道。

下了公交车后，他漫步在洒满月光的街道上。欣赏着万家灯火，注视着车水马龙的街道。到了家门口时，他不再像从前那样掏出钥匙自己开门，而是按电铃，等待妻子开门。在金黄色的灯光下，他发现与他结婚多年的妻子竟是如此的美丽。他紧紧地将妻子拥入怀里，并给她一个生平最热烈的吻。在那一刻，他决定重新开始，珍惜上帝赐给他的每一个幸福的日子。

🌸 人生感悟 🌸

生活中，有许多人都在浪费着生命，让时光白白地从自己身边溜走。持这种生活态度的人，不会真切地体味到生活的真正含义。只有那些珍惜生活、尽情享受每一天的人，才能感受到生活的充实和丰富。

不要自寻烦恼

曾经有一个整日烦恼的年轻人，他四处奔走，只为寻找解脱烦恼的方法。

有一天，他来到一片绿柳成荫的河滩，发现一位老翁坐在柳荫下垂钓，从他的表情上便可知道，老翁正沉浸在快乐之中。

年轻人走上前去问道："请问老翁，您能帮我解脱烦恼吗？"

老翁看了一眼满脸写着烦恼的年轻人，慢条斯理地说："来吧，孩子，跟我一起钓鱼，肯定能让你的烦恼烟消云散。"

烦恼的年轻人听从了老翁的话，安静地坐下来与他一同垂钓，结果烦恼依然存在。

于是，他辞别老翁继续寻找。不久，他遇到一位在路边石板上独自下棋的老翁。烦恼的年轻人上前请教解脱之法。老翁怜悯地看着他说："可怜的孩子，你看到前方那座山了吗？山里住着一位老人，他可以帮你解答这个难题。你前去请教他吧！"烦恼的年轻人顺着老翁指的方向直奔而去。

到了山脚下，年轻人发现一个山洞，他小心翼翼地进洞中，果然一位长须老者独坐其中。

烦恼的年轻人给老者深深地鞠了一个躬，并向老者说明来意。

老者微笑着捋着长白胡子问道："听你的意思，你是到这里向我寻求解脱的？"

烦恼的年轻人连忙点头答是，并诚恳地对老人说："请求老前辈为我指点迷津。"

老者笑着说道: "既然你是找我来寻找解脱的, 那请你回答是谁捆住你了呢? "

烦恼的年轻人回答说: "……没有。"

老者继续说: "既然没有人捆住你, 那么又谈何解脱呢? "语毕老者转身而去。

年轻人听完老者的话呆呆地愣在那里, 反复琢磨着老者话中的深意。忽然明白了: 噢! 是呀, 没有任何人捆绑我, 那么又何须寻求解脱? 原来, 我是自寻烦恼, 捆绑住我的不是别人正是自己呀!

人生感悟

生活中, 烦恼大多都是自找的。当你用审视的眼光看待烦恼时, 会不经意地发现, 其实束缚住自己心情、令自己痛苦难堪的不是别人而是自己。成功在于自己, 失败也在于自己。要想摆脱烦恼, 关键要依靠你自己的力量, 自己才是心灵的上帝。

用笑去化解抑郁的阴霾

假如你心情抑郁, 那么请记住美国著名策划专家乔治·凯的话: "用快乐的微笑打扫你抑郁的心情吧! "懂得这个道理的人都会把"笑对人生, 快乐生活"作为自己的座右铭, 这种积极快乐、热爱生活的态度, 使他们的生活充满生机与阳光。

有这样一个小故事:

有一个老先生得了病, 头痛、背痛、茶饭无味、萎靡不振。他吃了很多药也不管用。这天听说来了一位著名的中医, 他忙去看诊。名医诊断一番后, 给他开了一张方子, 让老先生去按方抓药。老先生来到药铺, 给卖药的师傅递上方子。师傅接过一看, 哈哈大笑, 说这方子是治妇科病的, 名医犯糊涂了吧? 老先生赶忙去找医生, 医生却到远方就诊去了, 要一个多月才能回来。老先生只好揣起方子回家。在回家的路上，他想糊涂医生开糊涂方，自己竟得了"月经失调"的妇女病，禁不住哈哈乐起来。这以后，每当想起这件事，老先生就忍不住要笑。他把这事说给家人和朋友听，大家也都忍不住乐。一个月后，老先生去找医生，笑呵呵地告诉医生方子开错了。医生此时笑着说，是故意开错的。老先生是肝气郁结，引起精神抑郁及其他病症。而笑，则是他给老先生开的"特效方"。老先生这才恍然大悟——这一个月，老先生光顾笑了，什么药也没吃，身体却好了。

想想看，笑对一个人的生活有着多么大的影响。它关系着我们的健康，我们的心情，我们与他人的沟通，我们事业的成败，我们生命的活力。

这不禁使人想到一些关于乐观人生的名家名言：

印度大文豪泰戈尔说："世界上的事情最好是一笑了之，不必用眼泪去冲洗。"

英国诗人雪莱说："笑实在是仁爱的表现，快乐的源泉，亲近别人的桥梁。有了笑，人类的感情就沟通了。"

英国戏剧家莎士比亚说："善说笑话的人，往往有先见之明。心里最好常有快乐，如此就能防止百害，延长寿命。"

德国革命家李卜克内西说："对付残酷的贫困，唯一的办法就是笑。谁要是因为穷而郁郁不乐，那就是贫困已经把他抓住，并把他吞噬下去了。"

法国作家福楼拜说："一阵爽朗的笑，犹如满室黄金一样眩人耳目。"

捷克民族英雄伏契克说："应该笑着面对生活，不管一切如何。"

还是开心地笑吧，"不要使冰霜结在你的脸上。"这是青年人应该有的生活态度。我们忙忙碌碌地生活在这个世上，每一天都承受着巨大的生存压力。我们要维持自身和家庭的生活水准不至于太低，我们要时时提防天灾人祸的发生，我们面对生老病死的困扰，我们要和形形色色的人打交道……如果我们不懂得调节自己，苦恼、忧愁、烦躁、愤怒、痛苦……这些不良的情绪就会严重损害我们的身体和精神。就像老话说的"愁一愁，白了头"。最好的自我调适方法，就是笑，就是乐观地生活，就是养成乐观生活的好心态。

俗语说得好：笑一笑，十年少。的确，经常保持愉快的心情，笑口常开，是极有益于身心健康的。笑，使肌肉变得放松，身心在极度放松的状态下，很难引起焦虑。只要你笑，就多一分觉醒，对这个世界更有安全感，世界也会分享我们的感觉。笑对一切！乐观向上，应该是青年们的处世态度，是成功的良好心态之一。它首先是一种乐观开朗的生活态度，是对人对己的宽容大度，是不计较得失的坦然心胸。

笑的修养，也是人品的修养。强笑、装笑、皮笑肉不笑，甚至不怀好意的坏笑、得意忘形的狂笑、溜须拍马的谄笑……这些虽然也称为"笑"，却不是我们所需要的。就是幽默，那些低级下流的黄段子，那些幸灾乐祸的"黑色幽默"，那些诽谤他人的"帖子"，也是为"真笑者"所不齿的。

"愉快的笑声，是精神健康的可靠标志。"让我们记住："笑对一切，乐观生活"，用微笑和乐观的心态来面对人生，让生活的每一天都快乐而充实。要快乐地生活，就要学会摆脱繁杂生活的束缚，一身轻松，心情才会更好。乐观的态度是战胜困难走向成功的法宝。

古人早就指出："世味浓，不求忙而忙自至。"所谓"世味"，就是尘世生活中为许多人所追求的物质享受、为人欣羡的社会地位、显赫的名声等。现在很多人追求的"时髦""新潮""时尚""流行"，也是一种"世味"，其中的内涵说穿了，也不离物质享受和对"上等人"社会地位的尊崇。这种"世味"一浓，人就会像被鞭子抽打的陀螺，或拼命打工，或投机钻营、应酬、奔波、操心……你就会发现自己很难再有轻松地躺在家中床上读书的时间，也很难再有与三五好友坐在一起"侃大山"的闲暇。你会忙得忽略了自己孩子的生日，你会忙得很难陪父母叙叙家常……

"只有简单着，才能快乐着。"不奢求华屋美厦，不垂涎山珍海味，不追时髦，不扮贵人相，过一种简朴素净的生活，一种外在的财富也许不如人、但内心充实富有的生活。这是自然的生活，有劳有逸，有工作着的乐趣，也有与家人共享天伦的温馨、自由活动的闲暇。还用去忙里偷闲吗？"世味淡，不偷闲而闲自至。"

"浓肥辛甘非真味，真味只是淡。神奇卓异非至人，至人只是常。"一位学者说："既然不过是个零，就不应有太多与生俱来的负担。从这个世界上已经意外地得到这么多，我还能在意失去的那很小的一部分吗？"

人生感悟

要想成就一番事业，愁眉苦脸是无济于事的，只有养成乐观自信的好心态，笑对一切困难并战胜它们，才能走向理想之路。

乐观会让一切显得自然、从容

生活中，每个人都会遇到挫折，有时一些挫折甚至在短时期内还难以突破。面对挫折，有的人会不战而败，捶胸顿足，怨天尤人。这样的人永远也无法走出困境。真正有所作为的人，无论面临什么样的困难，都会满怀希望。

有一位外国女人的头部被抢劫犯击中了五枪，竟然还能继续活下去，医生把她的康复归功于求生的希望。她自己也说："希望和积极的求生意念是我活下来的两大支柱。"同她一样，许多癌症患者在面临死神的威胁时，对生寄托着希望，竟然活了许多年。在挫折面前只有充满希望，永不放弃，才有机会取得成功。

希望，使人增强了对挫折的心理承受能力。经历过挫折打击而能心平气和地忍下来的人都有一种切身体验：人之所以能够忍耐，是因为他对未来充满了希望。比如，一些受到不公正待遇的人产生了极强的挫折感，他们本来可以找有关人去讨个公道，可是又怕因此会给其他人留下话柄，说他们计较个人名利。为了今后的前途，他们忍了，一次、二次、三次，每次忍让时他们心中想的都是希望，如果一个人绝望了，对未来不抱任何希望，他就不会忍耐，而会破罐子破摔，自暴自弃，不去做任何努力，面对一点点挫折都会失去承受能力。

从这个意义上说，希望是奔向前方的航标和指路明灯。人若没有了希望就会迷失方向，生活就会失去意义。有所成就的人之所以对挫折的心理承受力强，就是因为他们相信"山重水复疑无路，柳暗花明又一村"。

有成就的人在对人生充满希望的同时，也表现出他们对人生积极乐观的态度。成事者积极乐观的态度就是在挫折中主动寻找幸福，即使道路坎坷、荆棘绕身。

乐观是指人在遭受挫折打击时，仍坚信情况将会好转，前途是光明的。从情商的角度来看，乐观是人们身处逆境时不心灰意冷、不绝望或不抑郁消沉的心态。与希望一样，乐观施恩于人生。

乐观对处于挫折中的人有如下作用：

（1）乐观能为人排遣痛苦。

乐观是一种良好的心理特征，能挫败一切痛苦与烦恼，给人生活的勇气、信心和力量。医学家认为，愉快的情绪能使人心理处于怡然自得的状态，有益于人体各种激素的正常分泌，有利于调节脑细胞的兴奋和血液循环。马克思也说："一种美好的心情，比十服良药更能解除生理上的疲惫和痛楚。"

（2）乐观的生活态度有利于促进人际关系和事业。

持一种乐观、豁达的生活态度参与活动，你会发现很容易与人和谐相处。乐观者全身充满活力，容易与社会合拍。由于心情舒畅，在与人交往中就会对别人谦虚、尊重、理解，自然会得到别人的理解和尊敬，双方情感的相悦就能形成和谐融洽的人际关系。同样，强者受挫后不气馁，以乐观的态度对待暂时的失败，这样就会使他有一种自信的进取力量。这种力量把自己展现于外，参与人群和事业，从而得到成功和成就。成功和成就的愉快情感会使自己更乐观地去继续从事未完的事业或开辟新的天地，这样的良性循环使事业充满生机，为生活带来无穷的乐趣和意义。成长中的人以乐观心态对待人，将形成较为全面发展的聪颖、开朗和进取的个性。

（3）乐观能促进身体健康。

乐观者一生中最大的收益是身体机能完好。人们常说"笑一笑，十年少"。没错，乐天派自然心宽体胖，会笑对人生中的坎坷与挫折。他们不容易被疾病击垮，他们抗御很多慢性疑难病的能力远胜过悲戚忧郁者。一项新的研究成果证明了乐观与健康的对应关系。研究发现，对自我前途和未来持冷淡态度是身体健康不良的前兆。有一位外国的流行病学家断言，长期有这种绝望意识的人，其死亡率高于心脏病、癌症和其他病因造成的平均死亡率。这说明乐观心态对于健康的确大有裨益，悲观绝望则严重影响身体健康。

❀ 人生感悟 ❀

生命对于每个人只有一次，是否以积极乐观的态度去对待人生，这对一个人一生的影响是非常大的。要想保持乐观心态就要学会幽默，善于找乐，遇到失败挫折决不气馁，有继续努力、再创辉煌的信念，并且为人要和善，与人为友。

成功并不像别人说的那样难

在生活中，并不是因为事情难我们不敢做，而是因为我们不敢做，事情才难。

多年以前，一位韩国学生到剑桥大学攻读心理学。每当无事休息的时候，他就到学校的咖啡厅或茶座听一些成功人士聊天。这些成功人士既有诺贝尔奖获得者，也有某一领域的学术权威和一些知名的企业家。这些人谈话幽默风趣，旁征博引，举重若轻，但他们有一个共同的特点，那就是把自己的成功都看得非常自然和顺理成章。在这种环境待的时间长了，他慢慢总结了一些经验，发现在国内时，自己被一些成功人士欺骗了。因为在国内，那些成功人士为了让正在创业的人知难而退，经常夸大自己创业的艰辛。换句话说，那些人都是在用自己的成功经历吓唬那些还没有取得成功的人。作为心理系的学生，他感到自己有责任对韩国成功人士的心态加以研究，给正在成长的人们一些启示和经验。

后来，在他毕业的时候，他把《成功并不像你想象的那么难》作为毕业论文，提交给现代经济心理学的创始人威尔·布雷登教授。布雷登教授读后，感到非常意外，他认为这是一篇高质量的论文。教授认为，那种现象虽然在世界各地普遍存在，但此前还没有一个人敢于大胆地提出来并加以研究。

后来当这本书上市的时候，也正好伴随着韩国的经济起飞。这本书鼓舞了无数正在前进的人，因为它从一个新的角度告诉人们，成功并非必然要经过"劳其筋骨，饿其体肤"，也没有必要"三更灯火五更鸡"，更不是"头悬梁，锥刺股"的结果。它告诉人们，只要你对某一项事业感兴趣，长久地坚持下去就会成功。多年以后，这位青年也获得了令人羡慕的成功，他成了韩国泛业汽车公司的总裁。

❀ 人生感悟 ❀

人世中的许多事，只要想做，并不是很难的事情，该克服的困难，也都能克服，并不需要什么技巧或者费尽心思地去琢磨。只要一个人还在朴实而饶有兴趣地生活着，他终究会发现，造物主对世事早已经安排好，一切都会水到渠成。

身份背景不能决定未来

第十六届美国总统亚伯拉罕·林肯并没有一个显赫的家庭背景，他出身于一个鞋匠家庭。但是，在当时的美国社会，如果没有一个良好的家庭背景就会遭到别人的鄙夷。

林肯竞选总统前夕，在参议院演说时，因为他的身份背景问题遭到了一个参议员的奚落。那位参议员说："林肯先生，在你开始演讲之前，我希望你记住你是一个鞋匠的儿子。"林肯听后，高昂着头回答了那位参议员的话，他说："我非常感谢你使我想起我的父亲，他已经过世了，我一定会永远记住你的忠告，我知道我做总统无法像我父亲做鞋匠做得那么好。"

参议院中的众多参议员听完林肯对那位参议员的回答后，都陷入了一阵沉默。这时，林肯转过头对那个傲慢的参议员说："据我所知，我的父亲以前也为你的家人做过鞋子，如果你的鞋子不合脚，我可以帮你改正它。虽然我不是伟大的鞋匠，但我从小就跟随父亲学到了做鞋子的技术。"说完后，他对在座的所有人说："对参议院的任何人都一样，如果你们穿的那双鞋是我父亲做的，而它们需要修理或改善，我一定尽可能帮忙。但是有一件事是可以肯定的，我无法像他那么伟大，他的手艺是无人能比的。"当他讲到这里时，热泪涌出了眼眶，他深深地陷入了对父亲的思念中。看到这一情景，所有的嘲笑顿时化作了真诚的雷鸣般的掌声。后来，林肯的竞选成功了，他如愿以偿地当上了美国总统。

生活中有许多没有获得成功青睐的人，不是责怪机遇不好，就是怪罪父母没有给自己一个良好的生活环境，没有为自己留下万贯家产。其实，成功属于那些敢于拼搏的人，属于那些时刻准备且有头脑的人，而不是由身份背景来决定的。

出身的高低并不能衡量一个人能力的强弱，坦然地面对自己的一切，真诚地热爱你所拥有的，努力向自己的理想奋斗，同样可以抵达成功的彼岸。

生活不要太在意

生活中，许多人的烦恼，并不是由多么大的事情造成的，反而是由于对身边的一些无足轻重的琐事过分在意、计较和认真引起的。

比如，有些人对于周围的一切都极其敏感，别人说的话，他们喜欢句句琢磨，对别人犯的错误更是不放过。实际上，这种人的思维是一种狭隘、幼稚的认知方式，他们不是在享受生活，而是在为自己制造着笼罩心灵的阴霾，如此，经常烦恼就不足为奇了。

需要警惕的是，人生中这种过于在意和计较的毛病一旦成为习惯，那么许多小烦恼就会堆积成大烦恼，最后只能毁了自己的一生。

快乐的人说：一件事情，想通了就是天堂，想不通就是地狱。既然活着，就要活得更好，享受人生的快乐和幸福。事实上，人们遇到的事情是否带来不愉快和烦恼，最终并不在于外界的影响，而是取决于自己如何看待和处理它，所谓事在人为就是这个道理。因此，通过改变人们对于事物的认知方式和反应方式来避免烦恼和疾病，是相当有效的。这就需要每个人都要学会不在意，面对任何困难、不如意的事情，都要换一种思维方式去面对。

不在意，就是以一种豁达、大度与宽容的心态来面对一切。海纳百川，有容乃大。只有宽广的胸怀和气度，才能告别琐屑与平庸。才不至于去钻牛角尖，不为了面子而耿耿于怀，不把那些微不足道的鸡毛蒜皮的小事放在心上，笑看名与利的得失。不在意，就是自己心灵的一道保护防线，自己不去主动制造烦恼的信息来寻求刺激，而且如果真正遇到一些负面的信息、不愉快的事情，也会处之泰然，不为一时的损失而不知所措，能够达到"任凭风浪起，稳坐钓鱼台"的心境。

不在意，看似非常简单，实质上它体现的是一种修养，一种高贵的人格，一种人生大智慧的折射。而那些凡事都与人计较、睚眦必报的人，自以为很聪明，其实是十足的愚蠢，他们会因为关注琐事而招至更大的烦恼。

🌿 人生感悟 🌿

只有不在意的人，才是真正能够超越自我的人，也是能够活得潇洒、会享受生活的人。因为他们早已摆脱了琐事的羁绊和缠绕，使自己获得了精神自由的解放。不在意，并不是让你逃避现实，面对世间的万物做麻木不仁、无动于衷的"局外人"。而是从容地面对世间的纷繁复杂，在向目标前进的途中采取一种洒脱、豁达、快乐的生活策略。

不要把自己当成最聪明的人

也许你是个聪明的人，能够顺利地透过现象，看到对方的本意。透视对方的内心，你获得了一种有力的武器，但更重要的是，你如何使用抓在手中的这把利器才是最关键的。假如你不懂得使用的方法，不但不能击中对方，相反，很有可能伤害到自己。

这里有一段因为夸耀自己有先见之明而导致失败的事例。

战国时，魏王的异母兄弟信陵君，在当时名列"四公子"之一，知名度极高，因仰慕他的盛名而前往的门客，达数千人。但是，他也有自己致命的弱点。

有一天，信陵君正和魏王在宫中谈论一些国家大事，这时忽然接到报告，说是北方国境升起了狼烟，有可能是敌人来袭的信号。魏王听到这个消息后，脸色突然严肃起来，立刻终止了谈话，打算召集群臣共商应敌事宜。这时候，坐在一旁的信陵君显得很自信，他不慌不忙地阻止魏王，说道："先别着急，这不一定是敌国入侵，或许是邻国君主进行围猎，边境哨兵一时没有弄明白，误以为敌人来袭，所以升起烟火，以示警诫。"大约过了十几分钟后，又有人来报告说，刚才升起狼烟报告敌人来袭，是有误的，事实上是邻国君主在打猎。

此时，魏王很惊讶地问信陵君："你好像早就知道了这件事情？"听到魏王的询问，信陵君很得意，他回答："我在邻国布有许多眼线，所以我早就知道邻国君主今天会去打猎。"魏王看了看信陵君，嘴上没说什么，但从此以后，魏王对信陵君逐渐地疏远了。后来，由于多方面的原因，信陵君受到别人的诬陷，失去了魏王的信赖。

人往往有这样的心理，当自己知道了别人都不晓得的事情时，会产生一种优越感。但是，要想从容地生活，必须将这种其他人不及的优点隐藏起来，以免招祸。千万不要像信陵君那样，因一时不知收敛而导致终身遗憾。

但历史上也不乏聪明做人的人，齐国一位名叫隰斯弥的官员就是其中的一位。他的住宅正巧与齐国权贵田常的官邸相邻，而且二人同朝为官。田常为人颇具野心，也非常狡诈。在日常交往中，隰斯弥虽然怀疑田常居心叵测，有图谋不轨的企图，但他依然保持常态，丝毫不露声色。

有一次，隰斯弥前往田常府第进行礼节性的拜访，以表示自己对他的敬意。田常依照常礼接待他之后，破例带他到邸中的高楼上闲聊。隰斯弥站在高楼上向四面瞭望，东、西、北三面的景致都能够一览无遗，非常舒适，唯独南面视线被隰斯弥院中的大树给遮住了，隰斯弥是个聪明人，立刻明白了田常带他上高楼的用意了。

隰斯弥回到家后，立刻让仆人砍掉那棵阻碍视线的大树，以满足田常的心理。

但当仆人要动手砍伐大树的时候，隰斯弥突然命令仆人立刻停止，不要再砍树了。这时家人感到不可理解，问他为什么出尔反尔。隰斯弥回答道："俗话说'知渊中鱼者不祥'，意思就是能看透别人的秘密，并不是一件好事情。现在田常正在图谋大事，内心非常地谨慎和多疑，就怕别人看穿他的意图。如果我按照田常的暗示，砍掉那棵树，田常就会认为我机智过人，看穿了他的秘密，这样对我自身的安危有害而无益。如果不砍树，他对我只有些埋怨罢了，在心里认为我不能善解人意，但还不致招来杀身之祸。所以，我还是装着不明不白，不砍这棵树为好。"

后来，田常果然欺君叛国，挟持君王，自任宰相执掌大权。

隰斯弥的做法可谓非常聪明，他懂得知道了太多就会惹祸的道理，因此采取了一种明哲保身的对策。

古代做人如此，现代社会为人处世同样也不例外。最好不要让对方发觉你已经知道了他的秘密，否则完全失去了透视人心的意义。不过，如果你有其他考虑，故意要使对方知道你能看穿他的心意，那么你就可以让他明白。

总而言之，当自己明白了对方心意之后，千万不要露出得意的表情，要谨慎地让一切计划进行得很自然，这样才能使你的策略实行得圆满顺利，达到自己的目的。

当你看透对方的心意后，要决定采取何种行动并不是一件很容易的事情，它困难的程度不亚于透视对方的心意。特别是当发生的事情和自己有密切关联的时候，要保持心态的稳定和情绪的镇静，就更不容易了。所以，在打算试探对方之前，必须要有充分的心理准备，否则，当事情发展对自己不利时，你的计划实施就会受到一定的阻碍，甚至影响到最后的结果。例如，当你发现对方暗中有背信行为时，就怒气冲天，如果不能冷静地考虑相应的对策和解决的办法，就无法击中对方的要害，留下更大的麻烦。因此，一旦遇到这种情况，必须冷静处置。否则，就有可能前功尽弃，一切付之东流。

人生感悟

做人并不是一件容易的事情，应该以自己该怎么做为第一要务，否则就会糊涂行事，事情不但办不成，还会增添更多的麻烦。正所谓为人处世必须牢记"明白"两字，才能明察秋毫，判断是非，拨开眼前的"迷雾"，心明眼亮去行事。

生命不能超负荷运行

从前，有一个青年对生活失去了信心，感到迷茫和无助。于是他背着大包裹千里迢迢跑来找一位哲学家。

青年说："大师，多年以来，我一直非常孤独、痛苦和寂寞，长期的跋涉使我疲倦到极点。现在我的鞋子破了，在过大山的时候，荆棘割破了我的双脚。嗓子因为长久地呼喊和缺水而干燥，我已经心力交瘁……为什么我还不能找到心中的阳光呢？"

哲学家问："你的大包裹里装了那么多的东西，都是些什么呢？"青年说："里面装了些非常重要的东西，我无法把它们放下。这里有我每一次跌倒时的痛苦，每一次受伤后的哭泣，每一次孤寂时的烦恼，每一次失败时的绝望……多年以来我一直带着它们。"

于是，哲学家带青年来到了河边，他们坐船过了河。等他们上了岸，哲学家说："现在你扛着船赶路吧！""什么，为什么要我扛着船赶路呢？"青年很惊讶地问，"它那么沉，我怎么能够扛得动呢？""是的，孩子，你说的很对，你的确无法扛动它。"哲学家微微一笑说，"过河时，船对我们是有用的。但过了河，对我们而言，它就失去了意义，只有放下船赶路，它才不会变成我们的包袱。痛苦、孤独、寂寞、灾难、失败，这些对人生都是有用的，它能使生命得到升华，会使人生得到更多的经验教训。但是当它们都过去的时候，你如果还不放下，那么它们就成了人生的包袱。"

青年听从哲学家的告诫，放下包袱，继续赶路。结果他发觉自己的步子轻松而愉悦，比以前快得多，心情也更舒畅了。此时，他才明白，原来人生是可以不必如此沉重的。

🌸 人生感悟 🌸

在成长的路上，义无反顾地丢掉那些失败、哭泣、烦恼与包袱，然后轻轻松松地上路，你将发现路会越走越快，越走越顺利，生命也会越来越充实和丰富。

得与失总是相对的

1883年，聪明伶俐的玛丽亚（即居里夫人）中学毕业，由于家境贫寒，家里无法提供她去巴黎上大学的学费。无奈之下，玛丽亚只好放弃自己的梦想到一个乡绅家去当家庭教师。后来，她与乡绅的大儿子卡西密尔相爱了。可是，正当他俩计划结婚时，遭到卡西密尔父母的反对。卡西密尔父母深知玛丽亚生性聪明，品德端正。可是，他们却认为贫穷的玛丽亚与卡西密尔门不当户不对，以卡西密尔富有的家庭背景不能娶像玛丽亚那么贫穷的女人。为此，卡西密尔的父亲大发雷霆，母亲几乎晕了过去，最后卡西密尔无奈之下屈从了父母的意志。

在失恋痛苦的折磨下，玛丽亚曾产生过"告别尘世"的念头。但是玛丽亚毕竟不是一个平凡的女人，在她的生活中，不单只有爱恋，还有亲人和事业。于是，她坚强地振作了起来，放下情缘，刻苦自学，并帮助当地贫苦农民的孩子学习。

几年后，当她再次与卡西密尔重逢时，二人进行了最后一次谈话，卡西密尔依然是那样地优柔寡断，她终于下定决心斩断爱恋的绳索，远离家乡去巴黎求学。正是因为这一次"幸运的失恋"，造就了她不同凡响的一生。如果没有这次失去，世界历史的记载中将不会有她的一页，世界上伟大科学家的行列中也不会有她的足迹。

不要为失去而忧愁，人有时往往能从失去中获得。得其精髓者，在以后的生活中自然挫折少，收获多，人也会从幼稚走向成熟，从贪婪走向博大。

❀ 人生感悟 ❀

人的一生，有得必有失，有盈必有亏，但得与失并不存在统一标准。因为，你也可以从失去的事物中收获经验或是其他；而为了得到某些东西往往也要失去一些金钱或是其他。鱼和熊掌不可兼得，你合理地放弃一些东西，也许前方会有更珍贵的东西正在等待你。

竞争激烈，调适好心理

现代社会竞争激烈，我们面对的情况也在不停变化，在变幻复杂的形势下，只有能够很快地分析形势，当机立断，做出正确的决定，才能赢得机会。那么，如何才能把自己的心理调适到最好呢？

（1）让事情和工作充实自己。

在人生道路上，不仅仅有阳光和鲜花，还有乌云和冰雹，在事业或其他方面的挫折接二连三地袭来时，忧虑烦恼的情绪也许会在心头挥之不去，而这种心境对渴望成功的人来说是无形的障碍。要使自己驱散消极忧虑的情绪，最好的办法就是找些事情来做，让工作充实自己。当你投入工作之中，或者为某些事情忙碌时，烦恼自然会离你远去。

海军上将柏德在南极探险时，一个人在冰冻的大地上停留了5个月。极地气候的寒冷，条件的艰苦，白昼与黑夜一样暗，使他必须保持忙碌以免疯狂。他后来在著作《孤寂》中写道："每晚，把灯吹熄前，我养成检查明日工作的习惯。我指派自己花一个小时在逃生隧道上，半小时调整水平仪，一个小时弄直油灯，再花两小时换上新的橇板……这个方法很管用，有能力分配这些时间，让我自己感到拥有很强的自主性，不这样做，日子毫无目的，没有目的的日子，人将被无聊和烦恼吞噬。"

如果不让事情使你的日子过得充实，整天无所事事，忧虑和恐惧就会像神话中的小妖精，在不知不觉中摧毁我们行动与意志的力量。保持忙碌，使自己的日子更充实，烦恼人生将离你而去。

（2）不要生活在过去。

国外有一则著名的"不要为已倒的牛奶哭泣"的故事。其大意是：一天早上，学生们到实验教室上课，老师的桌上放着一瓶牛奶，当学生们坐下后，看着牛奶，不知这跟卫生课有何关联。老师站起身来，把牛奶一下倒入水槽，并大声对学生们说："不要为已倒的牛奶而哭泣。"他让学生围在水槽边看那些水中的牛奶，说："看清楚！我要你们一辈子记牢这一课。"

牛奶流走了，你看到牛奶流走，却再不能把它收回。如果事先做好防范，就不会使牛奶倒掉，但现在太迟了，我们只能忘了它。任何人都知道，任何已过去的事我们都无法改变，哪怕仅仅过了三分钟。我们大部分人都会为过去的错误而烦恼，并长时间陷入其中不可自拔，对过去的错误，后悔烦恼都是毫无意义的，唯一有益的办法就是冷静分析过去的错误，吸取有用的经验教训，世上没有后悔药，任何后悔都不会挽救已发生的失败或错误，唯一的办法就是"不要为已倒的牛奶而哭泣"，重新投入到新的事情当中。

（3）从精神上先接受最坏的结果。

我们常有这种心理，当某一事件坏的结果即将发生时，我们往往束手无策而陷入焦虑当中。出现这种情况时，我们不妨先从精神上接受即将发生的最坏的结果，使自己放松下来。如果一直焦虑下去，就不能集中精力做好其他的事，因为忧虑的时候，思想就会到处乱转，从而使我们丧失做决定的能力。

当我们强迫自己面对最坏的情况，并在精神上接受它之后，我们就能够冷静下来面对不利的情况，可以集中精力解决问题。

在精神上先接受最坏的结果，从心理学角度来讲，它能够把我们从那个巨大的"灰色云层里"拉下来，让我们不再因为忧虑而盲目摸索。它可以使我们双脚稳稳地站在地面上，如果我们脚下没有坚实的土地，又怎能冷静地面对不利情况从而做出正确的决定呢？林语堂也说过类似的话："能接受最坏的情况，在心理上，就能让你发挥出新的能力。"

现实生活中，许多人不愿接受最坏的结果，不肯由此以求改进，不愿意在灾难中尽可能地救出点东西来，只会使事情越变越糟，甚至到无可挽回的地步。所以，聪明的人要从精神上先接受最坏的情况，冷静面对，从困境中寻求希望，进而摆脱困境，重新赢得成功。

（4）不要轻易放弃心中的梦想。

在大多数情况下，成功并不是轻易就能取得的，在成功到来之前，往往要经受各种各样的挫折。有些意志不够坚定的人也许在这些挫折面前悲观失望，放弃自己心中的梦想。"我能力有限，也很软弱，现实社会又是这样的残酷，看样子我是无法实现自己的梦想了，不管什么事我也干不成了。"如果一遇挫折就对前途产生动摇的话，将在潜意识播下不良的种子导致失败。在失败面前，人们最重要的就是不要对前途产生动摇，而要坚定成功的信念。如果坚信成功，由此而产生的巨大动力会大大提高我们的工作效率。韩国前总统金泳三在中学时就立下远大的志向，并在房间里挂上写着"未来总统金泳三"的条幅，他始终坚信自己将来能够成为韩国总统，并朝着这一目标不断努力，无论遇到什么挫折，也从不放弃自己的梦想。最终在战胜了一系列挫折之后当选为韩国总统，实现了中学时的梦想。

永不放弃心中的梦想，朝着正确的方向不断努力，成功一定不再遥远。

（5）做命运的主人。

人决不能把"命运"两字看得太神秘，以免不论遇到大小事情，自己都毫无主张，一切皆听凭"命运"安排。当一时不能成功时，应当检讨自己，是哪方面出了问题，然后通过努力及时改正，而不是一味任由所谓"命运"的安排。

若能力有限，你应及时运用它、发展它；若智慧欠缺，你就要热切地通过各种途径来增长智慧，使自己的头脑变得更加聪明；若身体不够强壮，你就应多参加各种有益身心的体育活动，使你的体魄更健壮。只要我们能认识自我，及时弥补自身的弱点，使自己不断得到完善，命运就能掌握在自己手中。

（6）面对不利的环境学会忍耐。

成功之所以令人欢呼，是因为成功来之不易。在成功到来之前，会遇到各种不利的环境和条件，需要我们先学会忍耐和等待。

第二次世界大战初期，欧洲战场上出现了一边倒的战事，法国很快就被德国法西斯占领，整个欧洲大陆几乎都在德国控制之下，同时德国开始对英国本土进行飞机轰炸。面对这种猛烈的攻击，英国民众普遍认为，战争很快将以英国的失败而告终，只是时间的问题。但当时的丘吉尔以对德国的强硬和不妥协而当选为首相，他面对英国如此不利的形势，号召民众说："我们现在正度过一个最恶劣的时期，在事态变好之前，可能还会有比现在更糟的情况出现。可是，如果我们能忍耐坚持的话，我相信情形一定会变好的。"在丘吉尔的领导下，英国军民团结一致，英勇抵抗德军的攻击。不久希特勒将战争目标转向苏联，大大减轻了对英国的威胁，接着德军在苏联战场上战败，英美开辟了第二战场，加速了第二次世界大战胜利的进程，英国终于获得最终的胜利。

（7）从失败中看到成功。

强者和弱者的区别，在很大程度上表现为对待失败的态度，世界上的事情往往是这样：事业未成，先尝苦果；壮志未酬，先遭败绩。追求的目标越高，失败的可能也自然越大。有人渴望成功，却经受不住失败的打击，他们经过一阵子的奋斗，遭到一次乃至几次失败后，便偃旗息鼓、洗手不干了，因而最终只能成为一事无成的弱者。

许多人不明白"胜败乃兵家常事"，他们往往不能认识到表面上的失败，从长远看可能是有益的。在他们看来，要么失败，要么成功，既然失败了，那就不会成功。在"我失败了三次"和"我是失败者"之间有天壤之别。而且，心理上的失败也不等于实际上的失败。有时候，心理上感到失败了，而实际上他正在前进过程之中，一个人只要心理上不屈服，他就没有真正失败，如果你在失败时，仍表现得像个胜利者，信心十足充满干劲，那情况会大不一样。

许多人在看到强者的成功时，羡慕不已，嚷嚷着要敢于冒风险，却对自己行动中微不足道的失败沮丧不已，这算不上"强者"的行为。要想成就事业，就不要害怕和失败打交道，因为失败乃成功之母。

（8）不能急功近利。

任何成功都不是一朝一夕便能取得的，有句俗语："罗马不是一天建成的。"就简明地道出了做事不能急功近利的道理。

急于求成，过分追求眼前的成效，幻想鱼与熊掌兼得，好大喜功，好高骛远，不愿艰苦奋斗，不愿放弃既得的蝇头小利都是急功近利的具体表现。对于一个人来说，急功近利更容易头脑发热，看到眼前利益和局部利益而不考虑长远利益和整体利益，蛮干乱拼，必会为将来的惨败埋下种子。

有些人，大事做不来，小事又不做，这山望着那山高，从不扎扎实实埋头苦干，幻想一觉醒来便获得成功，其结果只能是事倍功半或是半途而废。

要想成功，必须把眼睛盯在目标上，把力量集中在具体工作上，脚踏实地努力学习和工作，打好坚实的基础，才会走上成功大道。

（9）坦然面对得失。

世上有很多东西，如荣誉、成功、爱情、健康、财富等，都是人们努力追求的。世上没有绝对完美的人生，刻意追求的东西往往不能轻易得手。由于受天分、智力、勤奋、机遇等主客观因素影响，人们不可能事事顺心，要风得风，要雨得雨。俗语说："有得必有失，有失必有得。"

得失之间的利弊让人难以捉摸。得要偿失、得要大于失，是人们追求的理想，但在我们追求成功的过程中，有时"失"要远远大于"得"。面对一时得到与失去明显的不平衡，有些人可能会因此而深深陷入苦恼之中。当代诗人徐志摩曾说："得之，我幸；失之，我命。"的确，当我们苦苦追求的某一美好事物从眼前一晃消失时，面对既成的现实，烦恼苦闷是丝毫不起作用的，我们只能理智地看待得失，坦然相对，泰然处之。

世上真正成功的人常能举重若轻、临危不惧、深思熟虑地做出决定，并且彻底地实行这一决定，在行动中没有任何不必要的踌躇和疑虑。

（10）果断面对选择。

果断的性格，能使我们在遇到困难时，克服不必要的犹豫和顾虑，勇往直前。有的人面对困难，左顾右盼，顾虑重重，看起来思考全面，实际上毫无头绪，不但分散了同困难作斗争的精力，更重要的是会销蚀同困难作斗争的勇气。果断，能帮助我们坚定有力地排斥胆小怕事、顾虑过多的庸人心理，把自己的思想和精力集中于执行计划本身上，从而加强了自己实现计划、执行计划的能力。

❧ 人生感悟 ❧

夕阳西下，明朝还会东升；这次不行，还可以从头再来一次；事情不会像你想象的那么好，但也不会像你想象得那么糟。一个人若想取得成功，就要时刻用这三句话来调适自己的心理。

珍惜生命中的每一天

什么年龄段才是生命中最宝贵的？曾经有一个电视节目把这个话题当作一个栏目播出，征询了很多人的意见。

一个小女孩说："在襁褓的时候，因为可以被父母抱着走路，可以充分体验父母的关爱。"

另一个小孩回答："两岁时才是最美好的，因为那时不用去上学。想做什么就可以做什么，想要什么，父母都可以满足，那时就好像是父母的掌中宝。"

一个青年说："18岁时，因为那时已经成年并且高中毕业了，可以开车去任何想去的地方。"

又一个女孩说："16岁时，因为那时我可以穿耳洞，戴项链了。"

一个45岁的男人说："25岁，因为那时是一个人精力最充沛的时间，现在我已经45岁，做事越来越感觉力不从心了，就连走上坡路都感觉吃力了。我25岁的时候，通常午夜才上床睡觉。可现在，一到晚上9点就昏昏欲睡了。"

一个读书模样的人说："我认为40岁时是人生中最美好的年龄。因为人到40岁时，人生才刚刚开始。无论从精力还是生活、事业上讲，都刚刚走上人生旅途中最光明的那部分，以前只是在清理阻碍前进道路上的荆棘。"

一位女士回答说："45岁时，因为那时你已经尽完了抚养子女的义务，可以充分享受含饴弄孙之乐了。"

一个男人说："65岁时，因为那时可以开始享受退休生活，操劳一辈子的心终于可以放下了。"

最后是一位老太太，她说："其实，生命中的每一天都阳光灿烂，只是人们不知道去珍惜。"

人生感悟

生命中每个年龄段都是最好的，"一寸光阴一寸金，寸金难买寸光阴"。只要珍惜生命，每天的时间都是宝贵的。

不必太在乎别人的看法

年轻有为的莫尼卡·狄更斯在二十几岁时，就是小有名气的作家了。可是，她依然举止笨拙，自卑感十足。因为，她有点胖，就为这一点，她总觉得衣服穿在任何人身上都比穿在自己身上要好看得多。每当出席宴会时，她总要在出发之前打扮几小时，可是一走进宴会厅还是会感到自己一团糟，总是感觉别人在她背后评头论足，在心里耻笑她。

一次，莫尼卡被邀请去参加一个不太熟悉的宴会，她忐忑不安地去了。在门外，她遇到另一位年轻女士。年轻的女士问她：

"你也是要进去参加宴会的吗？"

她扮了个鬼脸道："想要进去啊！"年轻的女士继续说："我一直在附近徘徊，想鼓起勇气进去，可是我很害怕，总担心别人会议论我什么。"

莫尼卡十分不解，她站在有灯光照映的门阶上看着她，觉得她很漂亮，比起自己来要好得多。莫尼卡坦言："我也很害怕。"双方相视一笑，紧张的情绪顿时消失了。于是，双双走了进去。她们在相互鼓舞下，开始和别人谈话，这对莫尼卡来说是一次很好的锻炼机会，她第一次觉得自己已经不在扮演局外人的角色了，而是成为人群中的一员。

当她穿上大衣准备回家时，莫尼卡和她的新朋友谈起各自的感受。年轻的女士问："觉得怎么样？"

莫尼卡说："比起以前来要好得多，你呢？"

"和你一样，其实我们并不孤独。"

莫尼卡仔细思量着朋友的这句话，觉得十分有道理。她在心里默默地想着："以前我总觉得孤独，认为世界上每一个人都信心饱满，可是如今却遇到了一个和我同样自卑的人，这时我才发现我的想法是错误的。长期以来，我的思想一直被害怕侵蚀着，所以根本不会去想其他的，现在我得到了另一个启示：表面上看起来夸夸其谈、谈笑风生的人，实际上心中也有可能忐忑不安。"

不要在乎别人对你的看法。当你太过于在乎别人的想法时，就会对自己失去信心。在想尽办法取悦他人时，自己的行为可能更加糟糕，自卑感也油然而生，这时，脑海中还不停地假想别人对你的种种看法，当然一般不会向好的方向想。此时，你就会有过度的否定反馈、压抑及不良的表现。

🌸 人生感悟 🌸

为了让生活轻松快乐，最重要的是看自己能做些什么有意义的事情。不要过多的在乎别人对你的看法，将自己的事情做到最好，别人一定会给你肯定的称赞。

生命不应因别人而改变

人生来就是为了成就事业，每个人都可以创造一个奇迹，任何人的生命里都有一颗伟大的种子，而能使这颗种子发芽生根并茁壮成长的，不是别人而是你自己。

每个人都生活在一定的社会环境中，尽管各种条件不同，经历不同，但都生活在别人的视线之下，你的行为、你的私人生活甚至你的一切，都有一些非常"热心"的人在密切地关注着、评价着，也许你并不是很了解，但世界上没有不透风的墙，这些评价难免会传到你的耳朵里。当然，这些评价有正面的，也有反面的，如果你的意志力不强，就有可能因为别人的评价而改变自己的生活方式，甚至对自己的人生产生怀疑，最后失去本来属于自己的东西。

别人评价是他们的自由，你无法左右他人的言论，其实一些喜欢对别人的生活评头论足的人也的确没有什么恶意，只是随便说说而已。对别人的评价，你可以自由地处理。正确的，不妨采纳；错误的，你可以一笑了之，随他去说吧。

生活中常常会出现这样的现象，在你的事业开始的时候，可能不断地听到一些风言风语。比如"就凭他那点能力，他还能上天啊？""他要是能成功了，我就改姓。"等等，不一而足。

虽然有这样或者那样的评论，但有一点你要明白，在现实生活中，有许多东西可以用数字来结算，唯独你的潜能、你的创造力不能用数字结算。所以，当你听到对自己负面的评价时，千万不要相信他们的话，要坚持走自己既定的路。

一个真正富有创造力的成功者，绝不会被人为的环境所左右，更不会因为别人的评价就轻易改变自己的人生规划，放弃自己的人生理想。许多成功者恰恰是在各种反方向推动力的作用下，进入更高层次的人生竞技状态中。也许就在别人的评价还未闭嘴的时候，你的成果就问世了，生意也谈成了。

不可否认的是，一个人有时候很难摆脱环境的负面影响，也很难对别人的风言风语毫不在意。这是一种正常的现象。比如，如果有人不断地对你说你不够资格、资质平平、没有什么天赋，等等，开始你可能不相信，但别人说得久了、说得多了，在这种形势下，你就可能对自己产生了怀疑，不自觉地相信他人的评价了。正所谓"三人成虎"，恐怕说的就是这个道理。

心理学家提示，人都有一种大众趋同心理。所以你在生活中能经常听到有人说：我什么时候和别人一样就好了！其实，说这种话的人，并没有真正地认识自己，也没有把握自己。因为你的人生是你自己的，跟别人又有什么关系呢？

真正伟大的成功、伟大的创造，基本上是萌生于战胜环境和战胜自我的过程中，同时不被他人的价值评判标准所左右。明白了这一点，你就可以想到，面对可能遇到的失败，再伟大的人物也会产生忧虑，而平凡人与伟人的区别就在于能否战胜这些忧虑。突破不了这一点，你真的就被环境打败了，你的人生也就难以成功。

每个人的生命都是自己的，你的生命里早就孕育着各种成功的种子，你现在要做的，就是让它早发芽、生根、开花、结果，对于别人的评论，就让它随风而去吧。

改变能改变的，适应不能改变的

曾经有过这样一个故事：有一条小河流从遥远的高山上流下来，在无数个村庄与山林面前，它从没有驻足，可是面对沙漠这个强大的对手它却步了。因为它知道，要想到沙漠的另一端必须付出惨痛的代价，有可能会失去原来的自己。可它还是要试一试，它想："既然我已经越过了重重的障碍，这次也应该能够化险为夷，平安地越过这个沙漠，只要我有足够的勇气。"当它决定越过这个沙漠的时候，它发现自己的身体渐渐消失在泥沙当中，它试了一次又一次，可是结果都是一样的。于是，小河流变得心灰意冷了，它对自己说："也许我命中注定要葬身在这沙漠中吧！也许我永远也到不了传说中那个浩瀚的大海。"

正在小河流灰心丧气的时候，四周响起沙漠那低沉的声音："小河流为什么要失去信心呢？为什么不动动脑筋思考一下其他的方法呢？这种方法行不通可以选择另一种方法啊！为什么不借助微风的力量让它带你跨越沙漠呢？这样不也是一种方法吗？"小河流有些埋怨沙漠的无情："要不是你，我早已经见到浩瀚的大海了，让微风带我过沙漠这不是让我去送死吗？我可不愿意。"沙漠继续说："不是叫你去送死，你之所以不能过沙漠就是因为你的思维不能灵活变通，总坚持原来的想法，所以你永远无法跨越这个沙漠。要想过这片沙漠，你必须让微风带着你飞过去，协助你到达目的地。你只要愿意放弃你现在的样子，让自己蒸发到微风中就可以了。"

这样的方法，对小河流来说是前所未闻的，使它放弃现在的样子，然后蒸发到微风中去，这让小河流无法接受，毕竟它从来没有经历过。小河流心里思量着："让我放弃自己现在的模样，那不就等于是自我毁灭了吗？这样的方法我怎么知道能不能行得通，我也不知道是不是沙漠在骗我。"

沙漠似乎看出了小河流的心事，于是耐心地解释道："微风可以把水气包含在它的身体之中，然后飘过沙漠，到了适当的地点，它就把这些水气释放出来，于是就变成了雨水。这样你不是就又恢复到原来的样子了吗？不是又可以继续前进奔向你梦寐以求的浩瀚的大海了吗？"

"那我还是原来的河流吗？"小河流问。

沙漠回答说："可以说是，也可以说不是。但是不管你是一条河流还是看不见的水蒸气，你内在的本质却是从来没有改变的，归结到最后你依然会以一条河流的形式，到达你想要去的地方。你之所以会坚持你是一条河流，是因为你从来没有认识到自己内在的本质。"

听过沙漠的话后，小河流的思维回到了自己变成河流之前，那时也是由微风带着自己飞到内陆某座高山的半山腰，然后变成雨水落下，才变成今日的河流。于是，小河流鼓起了勇气，相信了沙漠的话，向微风敞开了怀抱，化作蒸汽消失在微风之中，奔向了它生命的归宿——大海。

🌸 人生感悟 🌸

在大多数人的生命历程中，往往也会有与小河流一样的经历，面对困难驻足不前，思维不能灵活地转变，造成了终生的遗憾。想要跨越生命中的障碍达到一定程度的突破，向理想中的目标迈进，需要一种大智慧和抉择的勇气。而当你无法改变环境时，就要尽力去适应环境。

要拥有健康的心理状态

有一位年轻的职业经理，他的事业正在迅速地发展，然而他的情绪却非常消沉。他认为自己要死了，感觉自己的末日马上就要到了。实际上，他并没有什么大问题，只是经常感到呼吸急促，心跳很快，喉咙梗塞。他的家庭医生是位很有名的内科和外科医生，医生劝他休息，泰然处理生活，暂时放松一下自己。

于是，这位经理听从了医生的建议，在家里休息了一段时间，但是由于恐惧，他的心里仍不安宁。他的呼吸变得更加急促，心跳得更快，喉咙仍然梗塞。在使用了各种方法无效后，医生劝他到科罗拉多州去度假。

科罗拉多州是一个好地方，那里有使人健康的气候，美丽的山峦，但仍不能阻止这位经理陷入恐惧。一周后，他不得不回到家里。他觉得死神即将降临，感觉更加恐惧。

这时，家人和朋友都非常着急，一位朋友告诉这位经理，"到明尼苏达州罗契斯特市的梅欧兄弟诊所去，它非常有名，在那里，你可以彻底弄清病情，不会失去什么，马上去吧！"按照朋友的建议，他去了那家诊所。

梅欧兄弟诊所的医生给他做了全面检查。然后告诉他："你的症结是吸进了过多的氧气。"他笑起来说："那太愚蠢了，我该怎么改变这种情况呢？"

医生说："当你感觉到呼吸困难，心跳加快的时候，你就向一个纸袋里呼气，或者暂时屏住气息。"说着，医生递给了经理一个纸袋，于是，他就遵医嘱行事。结果他的心跳和呼吸都变得正常了。当他离开这个诊所时，心情感觉特别愉快。

回到家以后，每当他的疾病症状发生时，他就按照医生的说法去做。几个月以后，他的病症就消失了，终于变成了一个正常的人。事实上，他的病症主要是心病。

❀ 人生感悟 ❀

人有时候感觉身体不舒服，其实只是一种幻觉。大多数情况下，只是些小病或者根本没有病，只不过是心理作怪而已。心病还需心药来医治，不要猜疑自己的健康，如果能长期保持健康的心理状态，那么心病自然会被消除。

要冷静地面对他人的赞美

一年一度的猎野鸭时节到了，乔治兴致勃勃地带着他的猎枪来到了沼泽边的小木屋。打算美美地睡上一觉，养精蓄锐之后，再向老板借一条猎犬去猎鸭。

乔治按照自己的打算准备着，早上起来，他迫不及待地找到老板，向他借了一条猎犬后，便朝着野鸭栖息地出发了。连续多日，乔治在那条猎犬的协助下，一切异常惬意。猎犬靠着它那灵敏的嗅觉，可以轻而易举地找到野鸭的栖息之地，并且快速地将野鸭赶起，以便乔治射击。同时，聪明的猎犬还可以帮助乔治叼回被他击落的野鸭。

转眼间，乔治的假期马上结束了。乔治依依不舍地离开旅店，真诚地谢过老板后，还没有忘记向老板预定下一年的住处和猎犬，他告诉老板，明年的猎鸭季节他一定如期前去。在临走前乔治再次感谢老板的热情招待和聪明伶俐的猎犬。

到了第二年，乔治如约出现在旅店的柜台边，开口便向老板租曾经帮助他猎野鸭的那条灵活的猎犬。可是旅店的老板摇了摇头叹息道："唉，那条狗已经不能再帮你了，你自己看看去吧，它现在已经变得无可救药了，就更不要说让它去帮你猎野鸭了。"

乔治顺着老板手指的方向望去，只见那条机灵活泼的猎犬懒散地躺在屋角的阴暗处。猎犬还是那一条并没有改变，发生变化的是它去年那股彪悍之气已经荡然无存，剩下的只是无精打采的神情和慵懒的皮骨。

乔治非常好奇地问老板，道："这条狗是怎么了？生病了还是受伤了？"

老板说："都不是！你还记得它以前叫什么名字吗？"

乔治很快地回答道："当然记得，我怎么能忘记呢！叫'推销员'呀！"

老板无奈地说："没错，就在不久前来了一位客人，他同样向我借了这条猎犬，后来客人看到它表现出众，一时兴起，帮它改了个名字叫'经理'，后来它就变成了你看到的这副要死不活的德性了。"

人生感悟

人人都喜欢被别人称赞，以受到他人称赞而自豪，可是在接受他人称赞的同时还要讲求一个原则，不要因为别人夸奖了你几句就真的迷失了方向，要知道你并不是最好的，因为天外有天，人外有人。正像那条猎犬一样，受到了他人的表扬后就感觉自己有多了不起，没有把别人的称赞当作前进的动力，反而当成炫耀的资本，以至于思想堕落，不思进取。

人因豁达而从容

有一次，丽莎参加了一次演讲，也正是因为那次演讲为她后来的人生点燃了一盏明灯。

那位演讲家在演讲结束时对在场的听众说："在这里我将送给在场的所有人一句话，那就是：对自己说'无所谓'，它对你们的工作和生活都会大有帮助，而且是调节心境的一个良方。"

丽莎口中不断地念叨着那句话，感觉非常有道理，就在日记本上清晰地将其记录下来并在"无所谓"那三个字的下面做了一个很重的标记。她决定以后的人生道路就要按照这三个字去走。

后来，丽莎采取了这种新的人生态度，这一人生态度对她的人生产生了重要的影响。

丽莎与迈克在一次舞会上相遇了，并且她深深地爱上了英俊潇洒的迈克。她确信迈克将是她最理想的人生伴侣。

有一天晚上，丽莎终于鼓起勇气向迈克表明自己的心迹，谁知却被迈克委婉地拒绝了。一直以来，她都是以他为生活的支柱，没想到就这样土崩瓦解了。伤心的丽莎产生了轻生的念头。当她想为父母留下最后一封信时，她发现了笔记簿上的"无所谓"。她喃喃地说："这三个字看起来容易，做起来难啊！我已经深深地爱上了他，怎么可能无所谓呢？"

但是，那三个字始终不断地冲击着丽莎的大脑，她开始分析自己的情况：难道迈克真的对她很重要吗？迈克是她生命中的支柱吗？没有迈克她的生活就不会快乐吗？最后她轻松地站起来对自己说了一声"无所谓"。

日子一天天过去，她发现她做到了，没有迈克她仍然可以很快乐。

不久以后，一个真正爱她的人闯进了她的生活。在兴奋地筹备婚礼的时候，她把"无所谓"这三个字抛到了九霄云外。因为，她认为她不再需要这三个字了，她以后将会被快乐拥抱。

但是，不幸的事情再次发生了，她的丈夫把他们所有的积蓄用来做生意，结果全部赔掉了。

当她得知这个消息后，她再次想起那句三字箴言："无所谓"。她想：这次真的不是无所谓了。就在这个时候，她听到院子中小鸟的叫声，闻到了从窗外飘进来的香味，看见了几株白杨树昂首挺立的身姿。她觉得她的心情恢复了平和，微笑爬上了她的脸，她发现她对这件事也可以说"无所谓"。于是她对丈夫说："无所谓，赔掉的只是钱而已，至少我们还拥有快乐。"

人生感悟

人生短暂，不要被太多的事情困扰。锻炼自己拥有一颗豁达的心，有了它人生会多几分惬意，多几分从容。

穷大方并非可取之道

托马斯刚从一家音响店出来，就上了一辆出租车。司机师傅问他要去的地方，顺便看了一眼托马斯刚刚从音响店买来的音响。

车子上路后，司机问托马斯："朋友，那是你买的音响吗？"出租车司机看上去四五十岁的样子。

托马斯快乐地说："是的。"

司机继续说道："它怎么看起来不太像音响啊？你花多少钱买的呢？"

托马斯对司机的话明显地感到有些厌烦，他试探着回答："500美元。"

"噢。难怪我觉得它不像是音响呢。"从司机的口气中流露出不屑的语气。

托马斯听后感觉非常不舒服，可是，他倒觉得这个小音响已经完全可以满足自己的生活所需了，他不愿意让这个讨厌的家伙破坏自己购物成功的兴致。便回问道："在你的眼中什么样的音响才看着像音响呢？"

出租司机以高人一等的口吻开始了他的长篇大论，诉说了他买的那套高科技音响系统的种种好处。最后，托马斯问他："你为什么要购买高科技的音响系统呢？即使音质再好，也不可能把音量调到最大啊，否则整个楼都可能会被震倒。"

司机说："我已经意识到了这一点，所以我把我住的房间做了隔音处理。"随后，出租车司机滔滔不绝地说起来，根本不给托马斯说话的机会。

就这样，出租车司机与托马斯一直聊着，实际上托马斯只听司机说话了，自己根本没有插话的机会。目的地到了，托马斯终于可以问他问题了，他客气地说："顺便问一句，你的音响系统一共花了多少钱呢？"

出租车司机自豪地说："噢，它可不便宜！花了我2000美元。"

托马斯又问："你还打算开多久的出租车呢？"

"一直开下去，我没有存款，工资不够我养老用。"

许多习惯于挥霍的人，买东西时往往不是因为某件东西自己十分需要，而是在寻找一种快感，想从花钱上享受生活的乐趣，希望得到人们羡慕的眼光。这种人即使没有钱，也要显示出阔绰的气派，为的就是逞一时之快，却没想到最终吃苦受罪的还是自己。

人生感悟

生活中，大部分人都是穷人，钱都是辛苦赚来的，挥霍浪费并不一定代表你有多大的实力，你的穷大方也未必能得到人们的尊重。当用则用、当省则省"，这种花钱的方式，才值得懂得生活的人们去遵循。

放松心情就不易摔倒

从前，一队人马在一座大山里修公路，有一个路工被派去山下买米。在离开前，工地的厨师交给他一个盆，并严肃地说："你一定要小心，现在米很贵，你绝对不可以把米撒落在路上。"

路工答应后就下山到城里，在厨师指定的店里买了一盆米。在上山回工地的路上，他想到厨师的表情及严肃的告诫，心里特别紧张，担心把米撒了。于是，他小心翼翼地端着装满米的盆子，一步一步地走在山路上，不敢有一点松懈，精力都集中在了那盆米上。还好，他顺利地走完了山路，但当他快到厨房门口时，由于心还没有放松下来，结果踩进了一个坑里。虽然没有摔跤，可是却撒掉三分之一的米。路工非常懊恼，更加紧张，手都开始发抖。终于来到了厨房，盆中的米就只剩一半多点了。

厨师拿到装米的盆时，非常生气，他指着路工嚷道："你怎么这么笨，我不是说要小心吗？结果还是浪费掉了那么多的米。"

路工听了感到很委屈，开始掉眼泪。另外一位老路工听到了，就跑来问是怎么一回事。了解事情的经过以后，他安抚了一番厨师的情绪后，私下里对路工说："我再让你去买一次米。这次我要你在回来的途中，多观察你周围的景色，并且回来要告诉我你的感受。"

路工因为有了前车之鉴，所以想要推卸这个任务，强调自己做不好，根本不可能既要拿米，又要看风景。

不过在老路工的坚持下，他勉强地上路了。在回来的途中，路工发现其实山路上的风景确实很美。向高处望去，可以看到雄伟的山峰，向下又可以看到农夫在梯田耕种。就这样，在一路风景的陪伴下，不知不觉就回到了山里。当路工把米交给厨师时，盆里的米装得满满的，一点都没有撒落。

人生感悟

紧张要工作，放松也要工作，何不放下紧张的情绪轻松地去工作呢，也许在轻松中你会得到许多意外的惊喜和收获。

第八章　一副好口才　处处受欢迎

每个人都会说话，但是如何把话说得恰到好处，说得圆满，说到对方的心坎上，并不是每个人都能做到的。这里的关键在于说话者在说话的时候，能否练就一副好口才，而不是把工夫都浪费在一些无关紧要的枝节上。

说话开好头，办事收好尾

在一般的交际场中，第一句交谈是最不容易的。因为大多数情况下，你不熟悉对方，不知道对方的性格、嗜好和品性，又受时间限制，不容许你多做了解或考虑，而又不宜冒昧地提出特殊话题。这时如果就地取材、细心观察是比较简单且有效的方法，即按照当时的环境寻找话题。

相遇的地点不同，当然说出的话也不相同，比如相遇地点在朋友的家里，或是在朋友的喜宴上，那么可以将对方和主人的关系作为交谈的开场白。

当然，一个会说话的人，无论说的对还是不对，总是可以引起对方说话的兴趣，问得对的，可依原意直接说下去，猜得不对的，也可以根据对方的解释顺水推舟，继续畅谈下去。

举一些例子来说："听说您和某先生是老同学？"或是说："您和某先生是同事？"还有一些话听起来尽管老套，可是能引起其他的话题，如："今天的客人真不少！""这种天气跑生意一定很辛苦吧！"这样不仅说到了天气，而且还把一些关切也引出来了，让人听了心里感觉特别舒服，同时也引出了一个稳当得体的话题。

有些人害怕说话，更不知道开头怎么说。其实，说话并不是一件很困难的事情，你只需要从最简单的问题入手，把开头想好就等于成功了一大半。

🌸 人生感悟 🌸

"交谈"是人与人之间传递信息、交流情感、增进彼此了解和友谊的一种工具，但是，如果在交谈中想把话说好却不是一件容易的事。俗话说：万事开头难，好的开始等于成功了一半。因此，在你要张口的时候，一定要把开头的话讲好。

自然的才是最美的

与别人交谈的时候，所要找的话题一定要有亲切感，才能激起对方的共鸣，这就需要说者身临其境，让自己被话题感动，才可能感动他人。再好的话题，如果自己不为所动，肯定难以感染他人。

说话的态度是谈话的技巧之一，态度并不是指你的行动，它是针对说话人本身而言的，所以你必须留心自己在说话时有什么值得注意的地方。当你跟别人闲谈的时候，只要一切顺其自然就行了，用不着装出十分正经的样子。

你在讲话的时候，态度要自然一些。自然与不自然的区别相差是非常大的，比如：人在学鸟叫声的时候，虽说学得十分逼真，几乎听不出是人模仿出来的，但其中有一点是大多数人都做不到的，那就是让听者为之感动。而当我们真正听到了树上鸟的叫声时，就立刻会被其打动，会产生一种说不出的愉快。

话很自然地说出来，也就是真正地把自己的情绪给激活了，这会让听者感到你的言语格外地动听。

如果你多留意，就会发现，有人把一种主要的意见，用诚挚而易令人感动的语气对你说出来，这个时候，你的心里就不容易产生反感。所以，假如你预备给人一个好的印象并使人赞同自己，这时候你首先就要引起别人情感上的共鸣，这比引起人的思考更为有效。

常见的语言，其中也包括"肢体语言"。每个人从在别人眼中出现的那一刻起，一直到开口说话之前，都在不停地"说话"，只是不用口说而已。

在开口之前，你的眼睛、你的动作、你的全身都在表现某种意思。这些你所表现的东西，会使人准备听你说话，或是不想听你说话，使人对你产生敬意或是产生反感，所以在开口之前的这段时间要特别注意。

在你开口之前，必须用你全部的肢体语言，向对方传达你对他们的敬意与好感，暗示出你所要说的话的重要性和它基本的色调。这不只是在演说的时候要如此，在平时说话的时候也要这样。即使在与朋友闲谈的时候，也要注意，不能太过于激动，要做得自然得体，这样会对你有极大的帮助。

比如在朋友的客厅里，有时候采取一些不寻常的姿势，有可能会帮助你。如你在说话的时候突然站了起来，或是在言谈之中，把你的座位向对方移近一点，或者是选择一个好的位置，这些都可以帮助自己顺利地进行谈话。

这样手口并用，不会说话的也成了会说话的了，但是手势不能做得太多，如果每一句话都配上手势，就会让人觉得很不自然。比如，在说到重点的时候，配上适当的手势，能够使人在听你讲话的时候，看到你的表情和动作，这会吸引更多人的注意。这时候，你就不必去担心对方的注意力会从你身上游离开了。

人在说话时，最让人头痛的就是乱说话，乱挥乱舞手势。不自然的手势会招致人的反感，会造成交际上的一些障碍。而优美动人的手势常常会令人心中充满惊喜；非常柔和温暖的手势会令人心中充满感激；非常坚决果断的手势，好像具有千钧之力。

有的手势令人深刻地感到他的热情和欢喜；有的手势给人漫不经心的感觉；有的手势使人觉得他洋洋自得；有的手势告诉你他非常忙，正要赶着去办一件紧急的事情；有的手势又告诉你，他有要紧的事情要向你谈，请你等一等。

手势可以加强我们语言的力量，同时也会大量丰富我们语言的色调。让座、握手、传递物件、表示默契以及在谈话进行中的那些手势，都是谈话的一部分内容。有时候，手势也可能会成为一种独立而且有效的语言。

曾经有位评论家这样说过："大家都爱说自己受理智的支配，其实在整个世界上，人都是可以被感情所转移的。"假如一个人只是竭力装得严谨和敏锐，那他一定必败无疑；但是倘若他的话是从心底里发出来的，就不会失败了。

不管他在讲重大的政治、经济问题，还是个人的旅行杂谈，只要他感到心里确有一番非说不可的话，那他的话，就会像火一般的炙热。影响对方的力量之大，像膨胀的蒸汽一样，即使他在修辞上犯了不少错误，也不会惨败的那些人，就是最具热忱和鼓动性的人。

美国著名心理学家威廉·詹姆斯曾写下这么一段话："动作好像是跟着感觉的，但实际上动作和感觉是同时发生的，所以我们直接用意志去纠正动作，也就是间接去纠正了感觉。"其实这与说话是一样的，例如我们失掉了愉快，唯一的恢复方法，便是快活地坐起来，主动说话，愉快似乎已经和我们同在一处了。如果这个办法还不能达到效果，那么便不会再有别的方法了。

所以，当我们感觉到勇敢时，我们就会真的变得很勇敢。用我们整个意志去达到目的，是用你的勇敢去代替惧怕的最好方法。不过，你必须先准备好一切动作，否则恐惧仍旧不易消失。假如你要讲一些话，在充分思考后，就该立刻走出来，先做半分钟的深呼吸，这也是一项重要的准备工作，可以使勇气增加。

人生感悟

自然美才是真的美。说话也是如此，过于夸张的语言和手势不仅无助于说话本身，而且还会起到相反的作用。因此，说话贵在自然、不做作，手势用得合情得体。

找到好话题，交流才顺利

关于话题，最普遍的误解是：只有那些令人兴奋刺激的话题才值得一谈。因而很多人在谈话时便苦苦地搜集奇闻、轶事或怪事，以此作为话题。

这一类话题，虽然一般人听起来很感兴趣，而且在谈话的过程中，传播或接受了新奇的信息，无论听的人，或者是讲的人，都应该是一种满足。但这类事情，毕竟不多，有些则是轰动社会的新闻，根本不用等你来讲，别人就早已听过了。

如果你认为只有那些最不平凡的事情才值得谈，那你就会常常觉得无话可谈了。

找谈话的内容也是一个非常关键的问题，有些人喜欢与别人谈一些哲学理论方面而且很抽象的话题。以这样一个话题开场也存在一个问题，就是大多数人都不喜欢这样的谈话，这样也就容易变得没有什么可谈的了。

其实，如果在日常生活中多加留意，任何题材都可以成为我们良好的谈话资料。比如谈足球、篮球和羽毛球；或是谈生命、谈爱情；谈同情心、谈责任感、谈真理、谈光荣；也可以谈一些食物、饮料、天气之类的；可以谈到某个人物的意见；同时你还可以陈述一下你看到的一篇论文的观点。当然这也是一个活的问题，可以做一下调换。

人与人之间在交往的过程中，想要探出对方的兴趣和嗜好，拓展谈话的领域，说出来的第一句话，必须使对方能了解，能交流意见。比如：你看到了一件雕刻品便指着这件雕刻说：真像××的作品；或听见鸟唱就说很有门德尔松音乐的风味。在说出这些话时，你要了解对方在这方面不是一个外行才可以，否则不仅不能讨好别人，还有可能让人烦。

如果不知道对方的职业，也不可胡乱询问，因为失业的人或自尊心很强的人非常反感别人询问自己的职业，所以像这样的话题要尽量避免。

如果你想知道一个人的职业，可以说："阁下常常去游泳吗？"

他说："不。"

那你就可以问他："整天都是很忙吗？每天上哪儿消遣居多呢？"

这也是了解别人职业的一种方法，这样可以试探出他每天是否有固定的工作。如果他回答说是星期日或每天五点后才有时间消遣的话，那么就说明他是有固定职业的，否则的话，就不必再细问了。

一旦确定了别人有工作，才能去问他的职业，如此一来，就可以和他谈他工作范围内的事情了。

美国的第十六任总统林肯，是美国乃至人类历史上最伟大的演说家之一。

他的《葛底斯堡演说辞》只有短短的几百个字，但却被人们用青铜铸成铭文，陈列在英国牛津大学图书馆内作为永久纪念，到现在仍被推崇为永垂不朽的演说经典之作。

林肯的言辞深邃、优美，但却又雅俗共赏。可以这样说，林肯的每一次演说都能够成为经典，每一个听过他演说的人都会被他的演讲魅力所倾倒。

他凭着自己的演讲赢得了更多的支持，这位只上过小学的总统在任期内彻底废除了奴隶制，取得南北战争的胜利，保持了美国的统一。他能成为美国历史上伟大的总统之一的一个重要原因是，他会说话，知道怎样说会抓住别人的心，具有超强的演说口才。

"话题"看似简单，却是复杂的事情。谈话双方如果能找到彼此都能接受的话题，那么交流起来既是愉快的又是有意义的。

看性格说话，看人办事

三国时期，蜀国丞相诸葛亮就很善于用不同的方法说服不同的人。例如，针对张飞和关羽不同的性格特征采取不同的说服方法：针对张飞暴烈、倔强的性格特点，使用"激将法"比较容易说服，做事怕他不行或怕他喝酒误事，激他立下"军令状"，而不用费很多口舌去说服。对关羽自负的性格，诸葛亮则常使用"推崇法"。如关羽提出要从荆州到四川与马超比武，诸葛亮便给他写了一封信进行说服：马超只能与张飞等人为伍，怎能与你"美髯公"相比呢？再说，你担当镇守荆州的重任，如若有失，罪莫大焉！关羽看了信后说："孔明知我心也。"于是，就不再坚持比武了。

诸葛亮在说服关羽时，实际上是在维护对方的自尊心，让对方的自尊心得到满足，也就愿意接受诸葛亮的观点。而说服孙权与刘备联手抗击曹操一事，更充分地体现了诸葛亮的这种说服技巧。

当时，刘备兵败樊口，无力反击，要与曹军抗衡，则必须与孙权联手。于是派诸葛亮去江东说服孙权。

如果是一般的使者，为了请求对方的援军，一定会低声下气。但是诸葛亮却相反，摆出一副强硬的态度，以激发孙权的自尊心："将军您是否也要权衡自己的力量，以处置目前情势？如果您的军力足以和曹军抗衡，则应该早早和曹军断交才好；若是无法与曹军相抗衡，则应尽快解除武装，臣服于曹操才是上策。"

年轻气盛的孙权果然被激起了强烈的自尊心："照你的说法，刘备为何不向曹操投降呢？"

诸葛亮便说："你知道田横的故事吗？他是齐国的壮士，忠义可嘉，为了不事二主而自我了断。更何况我主刘备乃堂堂汉室之后，钦慕刘君之英迈资质而投到他旗下的优秀人才不计其数，不论事成或不成，都只能说是天命，怎可向曹贼投降？"

此时，孙权的自尊心被诸葛亮充分激发起来，他激动地表示："我拥有江东全土以及十万精兵，能受他支配吗？我意已决。"

刘备能在"赤壁之战"中反败为胜，很大程度上应归功于诸葛亮说服孙权的功劳。由此可见，在说服他人时，要抓住对方的心理，引起对方的知音之感，打动对方的自尊心是第一要诀，这也是说服他人的一大技巧。

激将法也是一种说服人的方法与技巧。使用激将法往往能够使被说服者感情冲动，从而去做一件他在正常情况下不可能做的事情，激将法还可以激起对手的愤怒、羞耻感、自尊感、嫉妒感或羡慕感等。在这种情况下，处于激动之中的对象，也许不会想到上了激将者的当。

❀ 人生感悟 ❀

人的性格不同，就会有不同的行为举止，而善于说话的人正是抓住了人的这一特点，针对不同性格心理的人采取不同的说服方法，不用费力，就能够达到成功说服他人的目的。

善用幽默是最有力的反击

有一次，一个美国记者在同周恩来总理谈话时，看到桌上有一支美国派克钢笔，就带着几分讥讽的口气说："请问总理阁下，你们中国人，为何还要用我们美国的钢笔呢？"

这话里有话，周总理自然明白，但他仍不失风度而又风趣地说："提起这支钢笔，颇有来历，这是一位朝鲜朋友的抗美战利品嘛，作为礼物赠送给我的。我无功不受禄，就拒收。朋友说，留下做个纪念吧！我觉得有意义，就收下了这支贵国的笔。"

挑衅的记者无话可说。周总理针对美国记者企图讥讽、讥笑中国贫穷落后的意图，巧借话题，说了这番风趣幽默而又有分量的话。周总理用"战利品""做个纪念"等词语暗示了中国的力量。

江红原来是光明乳业老总王佳芬的助理，后来，他离开了光明加入蒙牛集团，为蒙牛在上海市场的发展立下了汗马功劳。

有一次，江红陪上海农委潘副主任到蒙牛参观全球样板工厂。在参观的过程中，大家谈笑风生。突然，潘问江红："你既跟了牛根生又跟过王佳芬，那么你认为他们两个人最大的区别是什么？"

这并不是一个容易回答的问题，无法说谁"是"谁"不是"。潘微笑地看着江红，这时机智又有分寸的江红斩钉截铁地说："他们的确有很大的区别！"潘立即停下脚步，追问道："什么区别？"

江红笑了，"一个是男人，一个是女人。"

丹麦著名童话家安徒生生活俭朴，经常戴着破旧的帽子在街上行走，有富人嘲笑他："你脑袋上的那个玩意儿是什么？能算是帽子吗？"

安徒生同样巧妙地回敬道："你帽子下边的那个玩意儿是什么？能算是脑袋吗？"

针锋相对，以牙还牙的机智幽默被安徒生用于反击对方。反击的力量是非常大的，对方虽然先搬起了石头，但却砸到了自己的脚。

难怪人们总把激烈的语言交锋称为唇枪舌剑。有时候两片嘴唇一条舌头，比真枪实弹的威力还要大。

海涅是犹太人，经常遭到一些"大日耳曼主义者"的攻击。在一次晚会上，一个自称是"素有教养"的旅行家，对海涅讲述了他环球旅行中发现的一个小岛。

他说："你猜猜看，在这个小岛上，有什么现象最使我感到惊奇？""在这个小岛上，竟没有犹太人和驴子！"

海涅听后，不动声色地反击道："如果真是这样的话，那么只要我和你一块儿到小岛上去一趟，就可以弥补这个缺憾了！"

旅行家的本意是想侮辱犹太人，海涅却机智巧妙地将对方比做驴子，从而维护了自己的尊严。

春秋时，南方的楚国一天比一天强大起来，楚王自认为是"岭南虎"，想咬谁就咬谁，齐国虽也是个大国，但楚国也不把齐国放在眼里。为了疏通国与国之间的渠道，改善关系，齐王派晏婴出使南域。

等晏婴到达楚国的时候，楚王已传令，任何人都可以尽量羞辱晏婴。狭隘的楚王想借晏婴出气，展示自己的威风。

晏婴远远地走来了，前来迎接的礼宾官员见他那么矮小，就命令士兵打开城门旁边的侧门，看他进不进。

晏婴挺直胸膛站在正门前，一声不响。

士兵嬉皮笑脸地过来了，晃悠着脑袋指了指小门儿说："先生，您请进吧！"

晏婴冷蔑地笑了笑，用手指了一下侧门儿，打了个比喻反击道："这纯系狗洞！出使狗国的人，才走狗洞！"

偷鸡不成反蚀把米，想侮辱晏婴的礼宾官员反被侮，却又不能发作，只好命令士兵敞开正门。

楚王虽然接见了晏婴，但非常傲气，轻蔑地问晏婴："难道齐国没有人了吗？"

晏婴听了这话暗想：这不仅是对我个人的嘲笑，更是对我的国家尊严的侮辱。于是，晏婴高声赞颂起自己的国家：

"我们齐都，名唤临淄，说大，确实不大，只有几百间人家。但是，如果每个人都把袖子甩开，那么太阳都能被我们盖住，如果每个人挥一把汗水，无异于下一场大雨。国都的大路上，人如潮涌，摩肩接踵，怎么能说没人呢？"

听了这话，楚王也想自夸一下，却发现无辞令，困窘了半响，才接上了晏婴的话茬，冷嘲道："齐国既然人多势众，为什么选你来出使我国呢？"

晏婴也"顺流而下"，接着楚王的话音讥刺道："是的，诚如您所说，齐国派出使者，是经过谨慎选择的：水平高的，出使上等国家；水平低下的，出使下等国家。我晏婴水平低下，不用说，就出使到贵国来了。"

楚王还想反唇相讥，可又觉得自己真的是言困词穷了，只好吞下了这颗自己造的"苦药丸"！

到了吃饭的时间，楚王设宴招待。喝了几杯酒，就见楚国士兵押了一名被捆绑着双手的犯人走进宴会厅。楚王装出一副惊奇的模样问道："这被捆的人是何人？"

"是齐国人，犯了盗窃罪！"押解犯人的官吏禀道。

楚王回头看看晏婴说："哦，原来这盗贼是齐国人！看来，齐国人都是惯于偷东西的吧！"

晏婴随即站起身回答说："我听说过，橘生淮南则为橘，生淮北则为枳，难道您不知道？橘树生在淮南，就结出橘子；移到淮北，就长成为枳，那叶子徒然相像，果实的味道却大不相同，这是什么原因呢？就是因为水土的差异。老百姓生长在齐国，从来不偷东西，到了楚国就会偷盗，这是不是因为楚国的水土使人善于偷盗呢？"

楚王听完缄默无语，说不出一句反驳的话。

我们不能不为晏婴的聪明才智叫绝。对于楚王的侮辱，他不仅给予了有力还击，同时也维护了自己及国家的尊严。

在一个使你尴尬的场合，可以适度地运用巧妙的语言来维护自己的权益，既维护了尊严，又使对方感到理亏，同时还把自己的事情办好了。

❧ 人生感悟

人们在社交场合中，往往会遇到一些令自己处于尴尬境地的事情。这时运用幽默的语言，把自己思维的潜在能量充分发挥出来，是最好的解决方法。但要做到这一点，就需要冷静、乐观、豁达，使自己的精神处于一种自由、活跃的状态。如此，才能运用机智而又幽默的语言，摆脱尴尬的境地，并把事情处理好。

说话要抓住要害

现实生活中大多数人愿意穷其一生去学习科学、文学和其他各种知识，但他们却完全忽视了语言能力的训练和提高，这常常使他们显得木讷呆板。也许在自己的专业领域造诣很高，但在社交场合却羞于开口，沉默不语，像一个无足轻重的人，还有比这更令人沮丧的吗？看到那些才能不及自己十分之一的人，在公众场合滔滔不绝，自己却静静地坐在一旁，只有洗耳恭听的份儿。其中的区别是：有人平时注意培养自己的语言表达能力，有人对此却毫不在意。

谈话如果抓不住重点、拐弯抹角、不着边际，容易让人厌倦。假如与一个说话不着边际、洋洋万言却切不中要害的人谈业务，他人肯定会疲惫不堪，甚至会感到厌烦和恼火。

有一种人，你永远也不知道他想说什么，他总是在问题的周围绕来绕去，尽力避免问题的实质。他们的思想衔接不起来，让人无法理清他们的思路。倘若说话总是如此不着要点，会让人无法忍受。

在生活中，人们都不喜欢和说话拐弯抹角、滔滔不绝，并且没有主题的人打交道。他们每次都会使人失去耐心，即便你多次看手表，提示时间，他们也视而不见，说起话来似乎没有完的时候。这样的人讨厌至极。

一个有远大抱负的年轻人，不能有这种习惯。这种习惯对事业的发展有严重影响，是成功的敌人。凡是工作效率高、有很高管理才能的人，无不说话简练、利落、主题明确。而人们也喜欢和这样说话的人做朋友，他们恰恰也是事业有成，口碑极好的人。如果只是简简单单的通电话，他们不会有多余的问候和致谢，而是三言两语，直奔主题，还没有等你反应过来，他们已经说"再见"了。和这样的人打交道真是一种享受。他们不会烦人，更不会无端耗费别人有限的时间和精力。

这种人是思维敏捷、善于决断以及高效率工作的人。如果一个人很早就注意自己的不足并能加以改进，做事思想集中，说话言简意赅，就可以培养出很高的经营管理才能。在与他的交往中，肯定能够体现出雷厉风行的素质。

汉代著名丞相名萧何，有一次向汉高祖刘邦请求将上林苑中的大片空地让给老百姓耕种。

上林苑是皇帝游玩、嬉戏、打猎、消遣的园林。刘邦一听萧丞相居然要缩减自己的园林，不禁勃然大怒，认为萧何一定是接受了老百姓的大量钱财，才这样为他们说话办事的。于是下令把萧何逮捕入狱，同时审查治罪。当时的法官廷尉为讨好皇上，只要皇上认定某人有罪，廷尉官不惜用大刑使犯人服罪。

就在这紧要关头，旁边一位姓王的侍卫官上前劝告刘邦说："陛下还记得原来与项羽抗争以及后来铲除叛军的事情吗？那几年，皇上在外亲自带兵讨伐，只有丞相一个人驻守关中，关中的百姓非常拥戴丞相，假如丞相稍有利己之心，那么关中之地早不是陛下的了。您认为，丞相会在一个可谋大利的情况下不谋，反而会贪占百姓和商人的一点小利吗？"

简单几句话，句句击中要害。刘邦深有感触，终于认识到自己的鲁莽，对不起丞相的一片诚心，感到非常惭愧，于是当天便下令赦免萧何。

汉代的另一位开国元勋周勃，曾经帮助汉室铲除吕后爪牙，迎立汉文帝，有定国安邦的大功。可后来当他罢相回到自己的封地后，一些素来忌恨周勃的奸伪小人便趁机向汉文帝诬告周勃图谋造反。汉文帝竟然也相信了，急忙下令廷尉将周勃逮捕下狱，追查治罪。按汉代当时的法律，凡是图谋造反者，不但本人要被处死，而且要灭家诛族。

就在周勃大祸临头的时候，薄太后出来劝文帝说："皇上，周勃谋反的最佳时机是您未即位时，当时先皇留给您的玉玺在他手上，而且他还统率着主力部队，但是周勃一心忠于汉室，帮助汉室消灭了企图篡权的吕氏势力，把玉玺交给了陛下。现在罢相回到自己的小小封国里居住，怎么反而在这个时候想起谋反呢？"听了这话，文帝的所有疑虑都打消了，并立即下令赦免了周勃。

可见，说话抓住关键是非常重要的。找到说话的重点，是每一个想要成大事者都必须修炼的，通过短短几句话切中要害，也许就可以成就一个人的未来。

❦ 人生感悟 ❦

说话是需要技巧的，如果不能攻击到对方的要害，就起不到什么作用。那些善于运用说话技巧的人，在处理事情时不是与对方不停地周旋，而是抓住问题的关键，一语击中要害。这一点如果发挥得恰到好处，就可以帮助你成就许多事。

说话会圆场，听话会听弦外音

老于世故之人大都擅长话里有话，一语双关，精明之人无须多言直语，就会让你心里明明白白。"高明"的小人惯于含沙射影，指桑骂槐。无论说话之人是不是故意暗藏玄机，听话者必须搞清楚他的真实意图，方能应对恰当。

脑子不清，耳朵不灵，一定会多遇难堪。话里藏话、旁敲侧击是聪明人的"游戏",笨人玩不了。脑子不灵活,煞风景自不必说,落笑柄更是常有的事。

话里藏话、旁敲侧击其实是一种迂回,可它既重视策略,又重视隐含之术,较之迂回更为主动,更为巧妙。是"妙接飞镖又暗中回掷"的高超人际交往手段,是机智聪明者才能驾驭的玄妙功夫。

社会是个复杂的大家庭。我们总会有意无意地遇到一些不平之事,不公之人,又不能不去表达我们的一些不满。对自己亲近的人,有时候也需要巧加提醒,让对方清楚地明白你的用意。

但怎样表达这种不满却有一定的学问,特别是对于一些非原则性的问题,要做到既能表达对对方的不满,又不至于破坏和谐的人际关系,的确是不太容易的。话里藏话、旁敲侧击则不失为一种理想的武器。

(1)要侧面点拨。

所谓的侧面点拨,就是指从侧面委婉地点拨对方,不要直言告诉他,而让他能够更明白自己的不满,从而打消他的不当想法。这个技巧往往会借助于一些问句的方式表达出来。

例如:张杰与刘强是一对不错的朋友,他们之间也都视对方为知己。

有一次,单位中的一个青年赵磊对张杰说:"张杰,我总认为刘强这小子为人有点太认真了,可以说是已经到了顽固的程度,你说是不是呀?"张杰听到赵磊的话后,顿然产生了一种反感,当时张杰心里就想:你还说别人,你这小子在背地里贬损我的好朋友,你不觉得自己缺德吗?可是他也不好发作,他假装一本正经地反问道:"赵磊,先问你一个问题,如果我在背后和你一起议论他的缺点,他要是知道了,那他会不会和我反目为仇呢?他又会怎么看你呢?"赵磊听了张杰那句话后,脸"刷"地红了,不再吭声了。

张杰用的就是委婉点拨的技巧,即侧面点拨。张杰在面对赵磊的发问时,并没有直接回答出答案,而只是把话题转到另一个角度,他给赵磊出了一道难题,而他出的这道难题也正好起到了点拨对方的作用。他既表明了"刘强是我的好朋友,我决不会和你一起议论他",而且在他的话中又隐含了对于赵磊在别人背后议论、贬损别人的不满。

同时,因为这种说法比较委婉含蓄,所以不会使对方太难堪。

（2）要类比警告。

类比警告就是指通过两种具有某一个相似点的事物来做比较，从而能够收到暗示或警告对方言行不当的效果，使他明白自己心中的不满。

例如：某公司的经理张亮，在参加一次业务谈判时，遭到了另一家公司工作人员李某的顶撞。张亮就怒气冲冲地给李某公司的经理打电话说："如果你们公司不能向我保证，撤销上次顶撞我的那个蛮横无理的工作人员的职务，那么，显然你们公司就没有与我们公司达成协议的诚意。"

李某公司的经理听后，只是微微一笑地说："经理先生，关于我们公司工作人员的态度问题，对他是处以批评还是处以撤职，这应该是我们公司的内部事务，没有必要向贵公司做任何保证吧！这就好比是我们公司并不要求你们公司的董事会一定要撤换与我们公司某个工作人员有过冲突的经理的职务一样。"张亮听了对方的话后，自觉无言以对。

在这里，李某公司的经理就很好地使用了类比警告的技巧。虽然说他们两个公司有许多不同的地方，但它们之间也有相似的一点，就是这两家公司对于工作人员或经理的处分完全是各自公司内部的事务，与对方有没有诚意没有任何关系。

李某公司的经理就是抓住了这一个相似点做比较的，从而警告对方所提要求的过分和无理，也隐藏了对张亮态度蛮横的不满。

（3）要柔性敲打。

柔性敲打，其重在柔，即在警告对方的时候，要避免一定的冲突，借用另一种说话方式表达自己的不满。

例如大部分女孩子为显示自己有个性，就经常生男友的气，如果这个女孩又是父母的掌上明珠，或者是家庭兄长们的一个娇妹妹，她就更不能容忍他人对她的抱怨与不满了。可能也会有一部分痴情的男孩子会因为自己的哪一句话引起女朋友心中的不快，怕得罪自己的"小公主"，而忙不迭地向她赔礼道歉，甚至还会为了所谓的原谅而贬低自己，表示对恋人的忠贞。其实大可不必用这种方式，这里最好的方式就是用柔性敲打对方。

（4）要进行幽默式的提醒。

幽默可以作为人际关系中的一种润滑剂，在一定的时机可以利用幽默来表达自己对对方的不满，也是一种不错的方法。

有这样一个小幽默故事：在一个饭店里，有一位非常喜欢挑剔的女人点了一份煎鸡蛋。她看了看女侍者，就挑剔地说："这种煎蛋要求，蛋白全熟，蛋黄是生的，而且还能在里边流动。不能用太多的油去煎，盐放得稍微少一点，还要加一点点的胡椒。其次，我要的是一个新鲜的鸡蛋，还是乡下快活的母鸡生的。"

女侍者听后就温柔地说，"请问您一下，那只母鸡的名字叫阿珍，不知道能否适合您的心意呢？"

在这个小幽默故事中，那位女侍者用的就是幽默式的提醒技巧。她在面对这个爱挑剔的女顾客时，并没有用直接的方式表达自己对女顾客所提出的苛刻要求的不满，而是依照对方的思路，提出了比她更荒唐的一个可笑的问题来提醒对方：我们难以满足您过分的要求。女侍者用一个幽默的反问，从而明显地表达了对这位女顾客的过分要求的不满。

另外，对怀有恶意之人，自不必拼个鱼死网破，采取打草惊蛇策略就可以自卫。置人于死地的事最好不要做，要做一位可方可圆之人，恰当地处理各种矛盾和关系，使自己在人生之路上如鱼得水。

❧ 人生感悟 ❧

与人交往办事，既要善于说圆场话，又要会听他的弦外之音，还要会传达言外之意。做到了这一点，你就掌握了最实用的说话技巧。

共同点是沟通陌生人的桥梁

人与人之间的认识都是从陌生开始的，没有陌生也就谈不上所谓的认识和交往。所以，生活中如何与陌生人交谈就显得非常重要了。

一般来讲，寻找共同点是最简单的方法了，那么如何才能找到自己和陌生人间的相同点呢？

（1）察言观色。

察言观色就是要寻找与陌生人的共同点，一个人的心理状态、精神追求、生活爱好等，都或多或少地会在他们的表情、服饰、谈吐、举止等方面有所表现，只要你善于观察，就会发现你们的共同点。

一位退伍军人乘车同一陌生人相遇，其位置正好在驾驶员后面。汽车上路后不久就抛锚了，驾驶员车上车下忙了一通之后，仍没有修好。

这位陌生人建议驾驶员把油路再查一遍，驾驶员将信将疑地去查了一遍，果然找到了原因。这位退伍军人感到他的这一绝活儿，可能是从部队学来的，于是试探道："你在部队待过吧？""嗯，待了六七年。""噢，看来咱俩还应算是战友呢。你当兵时部队在哪里？"……于是这一对陌生人就谈了起来，据说后来他们还成了好朋友。这就是他们在察言观色之后，发现都当过兵这个共同点的。

很显然，察言观色发现的东西，还要与自己的兴趣爱好相结合，这样的话才有可能打破沉寂的气氛。否则的话，即便是发现了相同点，也还会无话可讲，或讲一两句就"卡壳"，同时也会使双方都处于尴尬境地。

（2）用话语进行试探。

如果两个陌生人要相处很久，一直保持沉默就会感到无聊。为了打破这种沉寂的气氛，开口讲话是首要的，有人以打招呼开场，询问对方籍贯、身份，从中获取信息；有人通过听口音、言辞，侦察对方情况；有的以动作开场，边帮对方做某些急需帮助的事，边以话试探；有的借火吸烟，这样也可以发现对方的特点，找到打开僵局的钥匙。

两个年轻人从某县城上车，坐在一条长椅上。其中一人问对方"在什么地方下车？""南京，你呢？""我也是，你到南京什么地方？""我到南京山西路的亲戚家有事，你就是此地人吧？""不是的，我是到南京来走亲戚的。"

经过双方的"火力侦察"，双方对县城熟悉，对南京了解，都是走亲戚的共同点就清楚了。两个人发现双方的共同点后谈得很投机，下车后还互邀对方到家里做客。

其实这种融洽的效果看上去是非常偶然的，实际上也得益于："火力侦察"，使双方从中发现了共同点。

（3）听他人介绍。

假如当你去朋友家串门的时候，突然遇到朋友家里有生人在座，作为对于二者都很熟悉的主人，当然会很快出面说明其双方与主人的关系、各自的身份、工作单位，甚至个性特点以及爱好等，这样从主人的介绍当中就能够了解到自己与对方有何相同之处。

有这样一个例子：一位县中学的教师与县物价局的一位股长，在一个朋友家里见面了，主人为这对陌生人做了一番介绍后，双方知道了他们之间的共同点都是主人的同学，他们就以"同学"为话题开始了谈话，并且还相互认识了、了解了，最后也变得熟悉起来。他们能够相互的熟悉也是因为在听介绍的时候，仔细地对对方进行了分析，一旦了解了相同点以后，以此为话题进行交谈，再进行更深一步地探讨，这样就能更加深入地了解对方了。

（4）听话听"音"。

陌生人与自己虽说有共同点，但是为了能够进一步发展，在这个时候就需要留心分析、揣摩与对方谈话时的一些话语，从而发现一些共同的特点。

在广州的某百货商店里，一位顾客对服务员说："请你把那个东西拿给我看看。"还把"我"说成字典里查不到的地道的苏北土语，而在他身边的一位顾客也是苏北人，在广州某陆军部队服役。听了前者这句话的时候，他就用手指着货架上的某一商品对营业员说了一句相同的话，两句字里行间都渗透苏北乡土气息的话，这使两位陌生人相视一笑，买了各自想要买的东西后，边走出商店边开始谈了起来。从自己的老家谈到部队，从眼下的任务谈到几年来走过的路，并互相介绍着将来的打算。

面对两位身在异地老乡的这股亲热劲，不知情的人无论怎么也不会相信这是由于揣摩对方一句家乡话而引起的最终效果。显而易见，细心揣摩对方的谈话内容的确可以找出双方的共同点，并使陌生的路人变为熟人，成为好朋友。

（5）步步深入。

发现一些相同点是很容易的，而这只能是谈话初级阶段的需要。随着交谈内容的继续，共同点会越来越多。为了使交谈更有益于对方，必须一步步地挖掘深一层的共同点，才能如愿以偿。

一个度假的大学生和一位在法院工作的同志在一个朋友家聚餐。经过主人介绍认识之后，两个人就谈了起来。慢慢地两人都发现双方对社会上的不正之风的看法很相似，在不知不觉中展开了讨论。

他们从令人深恶痛绝的社会现象，谈到产生土壤沙化的根源，从民主与法制的作用，谈到对党和国家的期望。越谈越深入，越谈双方的距离拉得越近，越谈双方的共同点越多。

如此一来双方都认为这次的交谈对大学生认识社会，对法院同志了解外面的信息和群众的要求，都有一定的益处。

另外，寻找一些相同点还有其他的方法，例如身处共同的生活环境、有共同的工作任务、共同的行路方向、共同的生活习惯等。一旦发现了彼此之间的共同点后，陌生人之间无话可讲的局面是不难打破的。

❀ 人生感悟 ❀

与自己不认识的人说话，是训练自己语言表达能力的最好方法，也是口语交际中的一大难关，处理得好，可以一见如故，相见恨晚；处理得不好，有可能导致四目相对，局促无言。

话要三思而后说

言语表达对人的交际非常重要，说得不对，或是说得让人听着不顺耳，这样就很容易影响人际交往。所以，在与人交谈的时候就需要讲究一些说话的艺术。

有这样一个故事。很久以前，有一个人急急忙忙地跑到一位哲人那儿，说："我现在有个消息要告诉你……"

"请你等一下，"哲人打断了他的话，"你要告诉我可以，但你用三个筛子筛过了吗？"

"怎么，还有三个筛子？是哪三个筛子呢？"那人不解地问。

"我告诉你，第一个筛子叫真实。现在你要告诉我的消息，有把握是真的吗？"

"这个我还不知道，我是在街上听别人说的。"

"那好，现在用第二个筛子审查吧。"哲人继续说，"你要告诉我的消息就算不是真实的，那么是不是善意的呢？"

那人踌躇地回答："不，事情恰好是相反的……"

这时哲人再次打断了那个人的话："那么我再用第三个筛子来筛吧，请问，使你如此激动的消息很重要吗？"

"并不是什么重要的消息，只是一般的情况而已。"那人不好意思地回答。

哲人说："好了，既然你要告诉我的事，既非事实，也非善意，更不重要，那么就请你不要说了！这样它就不会困扰你和我了，我们也不会因此而受到影响。"

生活中，我们平时着急告诉别人的事，也许像这个人要告诉哲人的消息一样，对人对己都毫无益处。或许，先用"真实、善意、重要"这三个筛子筛一下我们要说的话，你就会发现，很多话其实根本不必说，也不用说。如此，你就会管好自己的嘴，管好自己的生活。

那么在日常生活中，说话就要注意以下的一些禁忌：

（1）不做无谓的争辩。

在平日生活或是工作中遇到的事情，没有几件事是值得我们拿友谊为代价去争辩的。如果你偏偏喜欢这样做，那么你的精力和时间会不值一钱，更不要说对彼此之间感情的损害了。

除了彼此都能虚心的不存半点成见，在某一个问题上专程讨论之外，其他一切的无谓争辩都应该避免。

如果和别人争辩，你当时可以用理论压倒对方，也许对方是口服了，但是他的心里却不平，这样你一点好处也得不到，相反害处会随之增多：你伤害了别人的自尊，别人对你产生反感；会使你很容易犯下专挑剔别人错误的恶习；它使你变得骄傲；你将因此失掉朋友。

在朋友之间，偶然以质问来取笑是可以的，不过不可经常用这种方式，更不可使之成为习惯。以温厚的态度待人就是为自己留有余地，如果向前冲得太猛，站不牢而摔倒时，伤得更厉害的可能是你自己。

（2）给别人纠错时要用温和的语气。

一个人做了错事，而这件事能否得到纠正的关键就在于这件事是否是从做事的人口里说出来的，如果他自愿告诉你，他很可能会坦白地承认自己的错误，倘若是由别人指出的，那么他就很可能会为自己的错误做种种辩解。因此，在指正别人错误的时候，要注意以下三点。

首先，在纠正别人的错误时，要对对方有很大的同情心。因为这样，你不会吹毛求疵，同时还可以对别人犯的错误用大度的态度加以谅解。当然说话要用一种温和的语气。"你真糊涂，这件事完全弄错了！"这样刺激的极不舒服的字眼不要用，不管是父亲对儿子，还是雇主对下属，他们在听到这样的话以后，心里肯定会不服气。因此要用一种温和态度来对待对方。在指出别人错误的时候，切忌啰唆，否则不但会使对方陷于窘境、难堪，而且还会导致别人反感。

其次，在改变对方的主张时，最好设法把自己的意思暗暗移植给他，使他觉得是他自己在修正自己的观点，而不是由于你的缘故。对于那些拒绝改变的人，如果站在朋友的立场上，你仍应该给予恳切正确的指正，并不是严厉的责问，促使他有知过而改的想法。

再次，人们往往最喜欢谈论自己的事情，对与自己毫无关系的事并不热心。自己所感兴趣的事，未必引起别人的共鸣。因此，做事的时候，你要竭力地把自己忘掉，不要过多地谈你的个人生活、你的孩子和事业。

每个人最喜欢谈的是自己熟知的事情，那么在交际上你就可以根据这一特点，尽量去鼓励别人说他自己的事情，这种方法会令对方非常高兴。以充满了同情和热诚的心去听他的叙述，那么你肯定会给对方留下满意的印象。

（3）不要自我夸耀。

千万不要自吹自擂，与其自夸，不如表示谦逊，也许你自认为伟大，但别人不一定同意。好夸大自己事业的重要性，间接为自己吹嘘，纵使你平日备受尊敬，当他人听了这样的话后，也会对你非常反感。世间的确无一件足以向别人夸耀的事情，如果自己不吹嘘，那么别人会来称颂；假如自己说了，人家反而瞧不起你了。

一些爱自夸的人最终很难找到一个真正的知己，这是由于他自视甚高，轻视一切，不太理会别人的意见，只会自己吹牛。因为，他只想找奉承和听从他的人，而不是朋友，于是朋友们都唯恐避之不及了。

另外，一定不要故意与别人有不同的意见，有的人专门喜欢表达与别人不同的意见。处处故意表示与别人看法不同，比如说：你说这是黑的，他在这个时候就硬说是白的。后来你又改变了看法也说这是白的，他在这个时候就会反过来，说它是黑的了。这种人与那些处处随声附和的人一样，会被人看不起，最后还有可能会给人留下他是一个不忠实的人的印象。

说话讲究艺术能帮助你待人处世，没有一个人不愿意做一个口才好、到处受人欢迎的人。但是，有一点要注意：为了展现你的口才，到处逞能只会惹人厌恶。所以，对自己的口才应正确且灵活地运用。

在谈话的时候，出现一些分歧是非常正常的事情，如果这时立刻提出一些异议，容易使对方一听就感到你对他不尊重，就会感到他的意见被完全否定了，这一结果显然是一件令人不愉快的事情。如果真的出现这种情况，就要把事情说得清楚一点，要先说明哪一点是自己同意的，哪些地方不完全同意对方的看法，然后再把有分歧的某一点说出来。对方在这种情况下也就很容易接受你的批评或修正了，因为他现在已经知道了双方在主要部分的意见还是完全一致的。

无论怎样，都要预先表示对方意见中你所同意的各点，就算它是不重要的一点，也要说出来。这样做的目的就是为了能缓和一下谈话的气氛。

总之，切忌在人前夸耀你个人的成就、你的富有或者总向人说自己的儿子怎么怎么了不起之类的话。当然更不要在一般的公共场合，把朋友们的缺点与失败当作谈话的资料，更不要发一些无谓的牢骚。

说话应该有三种限制，一是人，二是时，三是地。非其人不必说；非其时，虽得其人，也不必说；得其人，得其时，而非其地，仍是不必说；非其人，你说三分真话，已是太多；得其人，而非其时，你说三分话，正给他一个暗示，看看他的反应；得其人，得其时，而非其地，你说三分话，正可以引起他的注意，如有必要，不妨择地长谈，这样的人才是通达世故的人。

人生感悟

与人交谈的目的在于沟通，在这一过程中，要力求避免因说话不当而使人际关系变得紧张。所以，说话要讲究一些，出口前应该先为听者想一想，把好门，既不要因言语伤人，又要达到交际的目的。

第八章·一副好口才 处处受欢迎

人生感悟每日读

188

第九章 人际关系 源于良好的交际

卡耐基说：成功=80%的人际关系+20%专业知识。人只要活着，就离不开人际关系，而交际则是人际关系中重要的一个方面。社会是一个复杂而多彩的舞台，交际是这个舞台中必不可少的角色，每个人要想适应这个社会、这个时代，就要努力扮演好自己独特的角色，处理好自己的人际关系。

开玩笑要把握分寸

在人际交往的过程中，开个得体的玩笑，既可以松弛神经，活跃气氛，放松一下心情，同时也可以营造一个轻松愉快的氛围。正因为这样，诙谐幽默的人常能受到周围人的喜爱。但是，开玩笑如果开得不恰当，则适得其反，使人处于尴尬的境地，伤害彼此的感情，甚至会惹上大麻烦。因此，开玩笑要掌握好分寸，知道什么该说，什么不该说。

（1）要注意场合、时机和环境。

一般来说，庄严、肃穆的场合是不适宜开玩笑的。另外，在工作的时间内也不能开玩笑，在公共场合和大庭广众之下，也要少开玩笑。如果人和事处在非常时期，则不能拿非常之事开玩笑，对于在媒体上开玩笑更要谨慎为之。

（2）要注意对象。

人的脾气、性格、爱好不同。所以，开玩笑要因人而异。

开玩笑要注意长幼关系。长者对幼者开玩笑，需要长者保持庄重的态度，使幼者产生对长者尊敬的意识。而幼者对长者开玩笑，首先就要尊敬长者。

开玩笑要注意男女有别。男性对语言情境并不是很在乎，一般的玩笑男性都会接受；女性对语言情境比较敏感，不得体的玩笑会使女性难以接受，甚至使她们处于很尴尬的境地。

开玩笑还要注意亲疏的差异。与自己比较亲近、熟悉的朋友在一起，即便开比较重的玩笑，也不会影响彼此之间的关系。但与自己比较陌生的人在一起，开玩笑就要小心了。因为你对对方的个性、经历、兴趣不了解，如果贸然开玩笑有可能引起对方的反感，影响今后的互相了解和友谊的发展。

一般情况下，对方性格外向，能宽容忍耐，开对方的玩笑则不会有什么意外，也会得到谅解。对性格内向，喜欢琢磨别人的言外之意的人，开玩笑就需要仔细考虑了。无论哪种性格的人，在他伤心的时候，都不能随便与其开玩笑。

（3）不要揭人短。

每个人都有自己的缺点，比如在生理上、心理上、行为或能力上等。如果把别人的缺点当作笑料来开玩笑，揭人短处，别人就会厌恶你。有些人最害怕别人揭自己的伤疤，一旦有人触动了自己敏感的神经，自尊心会使他采取很不理智的行为，做出异样的举动。

生活中，每个人都有自己的隐私，没有谁会愿意让别人触及自己的隐私，更不要说让人拿自己的隐私开玩笑了。如果谁敢于拿别人的隐私开玩笑，谁就是一个自寻没趣的人。

另外，开玩笑要适可而止，平常开开玩笑，一两句话说过就可以了，千万不能一直盯着一个人说事。

诙谐而不下流的语言，能给人带来快乐，同时也能让人产生思考，这是智慧型的幽默。如果你能把握开玩笑的分寸，就可以获得更多人的信赖、更多人的钦佩，并因此获得更多的朋友，你的生活也会充满阳光。

🌸 人生感悟 🌸

玩笑是生活的调味品。生活中，大部分人都有过开玩笑的经历。但开玩笑并不是想说什么就说什么，它需要把握一个尺度，掌握一定的分寸，否则，就可能适得其反，弄巧成拙。

友情"升温"，需要认真对待

对突然升温的友情持谨慎的态度，是为了对这样的行为保持一种客观态度，避免从主观上误解对方的好意。因为人是有感情的动物，他有可能在一夜之间，因为你的言行而对你产生无法抑制的好感，就像男女互相吸引那样。不过，这种情形不会太多，而你也要尽量避免这种联想，碰到突然升高热度的友情，只有冷静待之，保持距离，才不会被心存不良的人利用。

事实上，要分析这种"友情"是否含有"企图"并不难，首先是看看自己目前的状况，是否握有资源，如有权有势。如果是，那么这个人有可能对你有企图，想通过你得到一些好处；如果你无权也无势，但是有钱，那么这个人也有可能会向你借钱，甚至骗钱；如果你无权无势又无钱，没什么好让别人求的，那么这突然升高热度的友情基本上没有危险——但也有可能"项庄舞剑，意在沛公"，对方是想利用你这个人来帮他做些事，有些人就被骗去当劳力。或者对方攻势的重点在你的亲戚、朋友、家人，而你只是他过河的踏脚石。

根据自己本身的状况检查这突然升高热度的友情有没有"危险"之后，你的态度仍要有所保留，因为这只是你的主观认定，并不一定正确。所以，面对突然升高热度的友情，你要做到以下几点：

（1）不推不迎。

"不推"是不回绝对方的"好意"，就算你已经看出对方的企图也不要立即回绝，否则很可能立即得罪一个人。但也不可迫不及待似的迎上去，因为这会让你抽身不得，抽了身又会得罪对方，使自己变得很被动。不推不迎就好比男女谈恋爱，响应得太热烈，有时会让自己迷失，若突然斩断"情丝"，则会惹恼对方。

（2）冷眼以观。

"冷眼"是指不动情，因为一动情就会丧失判断的准确性，此时不如冷静地观看他到底想做什么，并且做好防御，避免措手不及。一般来说，对方若对你有所图，会在一段时间之后就"图穷匕首见"，暴露出他的真实目的，他不会跟你长时间耗下去的。

（3）礼尚往来。

对这种友情，你要"投桃报李"，他请你吃饭，你送他礼物；他帮你忙，你也要有所回报，否则他若真的对你有所图，你会"吃人嘴软，拿人手短"，被他牢牢地控制住。

所以，在生活中要心存"害人之心不可有，防人之心不可无"的意识，一定要注意突然升温的友情，正确判断，以防后患。

❀ 人生感悟 ❀

生活中，你如果只与某人一起吃过饭或只与他见过一次面，那么他算不上你的好朋友，充其量只是普通朋友。如果你和某人曾是好友，但有一段时间未联络，感情似乎已经淡了，如果这样的人突然对你热情起来，那么你应该有所警觉，因为这种行为表示他可能对你有所图。

友谊需要适当的距离和等级

在工作、生活中我们也常发现，一些"铁杆儿朋友"到后来还是不再来往了，有的是"缘尽情了"式的散，有的则是"不欢而散"式的散，无论怎么散，最后的结果都是散了。

人能有"铁杆儿朋友"是很不容易的，可是关系断绝了，却又非常可惜。

人一辈子都不断地在结交新的朋友，但新的朋友未必比老的朋友好，失去友情更是人生的一种损失。因此，再好的朋友也要"保持距离"。这话听起来是有些矛盾，好朋友应该常聚首，保持距离不就疏远了吗？

问题就出在"常聚首"上，很多"铁杆儿朋友"就是因为一天到晚在一起，所以才散了。人之所以会有"一见如故""相见恨晚"的感觉，之所以会有"铁杆儿朋友"的产生，是因为彼此的气质互相吸引，一下子就越过鸿沟而成为好朋友，这个现象无论是异性还是同性都一样。但再怎么相互吸引，双方还是会有些差异的，因为彼此来自不同的环境，受不同的教育，因此人生观、价值观再怎么接近，也不可能完全相同。当二人的蜜月期一过，便不可避免地要接触彼此的差异，于是从尊重对方，开始变成容忍对方，到最后成为要求对方。当要求不能如愿时，便开始在背后挑剔、批评，然后结束友谊。

很奇妙的是，好朋友的感情和夫妻的感情很类似，一件小事也有可能造成感情的破裂。

所以，如果有了"好朋友"，与其太接近了会彼此伤害，不如"保持距离"，以免碰撞。

人说夫妻要"相敬如宾"，如此自然可以琴瑟和谐，但因为夫妻太过接近，要彼此相敬如宾实在很不容易。其实朋友之间也能"相敬如宾"，而要"相敬如宾"，"保持距离"便是最好的方法。

那么，什么才是"保持距离"呢？

简单地说，就是不要太过亲密，一天到晚粘在一起。

能"保持距离"就会产生"礼"，就会尊重对方，这"礼"便是防止双方碰撞而产生伤害的缓冲器。

距离产生美，距离留住友谊。为了你的人生不寂寞孤单，你应该与你的好朋友保持距离。

当然有时太过于保持距离也会使双方疏远，尤其是在市场经济社会，每个人都忙，很容易就忘了对方，因此对好朋友，也要打打电话，了解对方的近况。偶尔碰面吃吃饭，聊一聊。否则，很有可能就会从"好朋友"变成"朋友"，最后变成"只是认识"。

俗话说，在家靠父母，出外靠朋友，多个朋友多条路，朋友多了路好走。但朋友多了，你都能推心置腹吗？或者说，你对他们的感情都平等吗？事实上，未必尽然。

有个地方官员，朋友无数，三教九流都有，他也曾向人夸耀，说他朋友之多，天下第一。有人曾问他，朋友这么多，你都同等对待吗？

他沉思了一下，说："当然不可以同等对待，要分等级的。"他说他交朋友都是诚心的，不会利用朋友，也不会欺骗朋友，但别人来和他做朋友却不一定是诚心的。在他的朋友中，人格清高的朋友固然很多，但想从他身上获取一点利益、心存不良的朋友也不少。

"对心存不良，不够诚恳的朋友，我总不能也对他推心置腹吧，那只会害了我自己。"

他说，在不得罪"朋友"的情况下，他把朋友分了"等级"，有"刎头之交级""推心置腹级""可商大事级""酒肉朋友级""点头哈哈级""保持距离级"，等等。

他根据这些等级来决定和对方来往的密度和自己心窗打开的程度。他认真地说，"我过去就是因为人人都是好朋友，受到了不少伤害，包括物质上的伤害和心灵上的伤害，所以今天才会把朋友分等级"。

把朋友分等级听来似乎很现实很无情，但细想起来，对朋友分分等级也是有必要的，因为这是为了保护自己免受别人伤害。

要十分客观地将朋友分出等级是非常难的，但面对复杂的人性，你必须勉强自己把朋友分出等级。

朋友等级，可像前述那位官员那样分，也可简单地分为"可深交级"及"不可深交级"。

可深交的，你可以和他分享你的一切，不可深交的，维持基本的礼貌就可以了。这就好比客人来到你家，真正的客人请进客厅，推销员之类的在门口应付就行了。

另外，也要根据对方的特性，调整和他们交往的方式。但有一个前提必须记住，不管对方智慧多高或多有钱，一定要是个"好人"才可深交。也就是说，对方和你做朋友的动机必须是纯正的。不过，人常被对方的身份和背景所迷惑，结果把坏人当好人，这是很多人无法避免的错误。

人生感悟

人的一生，可能要交很多朋友，在这些人中，也许有你的"铁杆儿"。但是，大多数朋友只是普通朋友，真正可称为"铁杆儿"的朋友并不多。正因为如此，如何认真地看待友谊对一个人来说是非常重要的，他们将直接地影响到你的发展和生存质量。

人前少谈"得意"的事

一位女士的宝贝女儿，从剑桥毕业回国之后，在特区一家金融机构供职，每月数万港元薪水。这位女士当然相当自豪，她面对亲朋好友时，言必称女儿的风光，语必道女儿的薪俸。偶然被女儿发觉，极力制止母亲，说总夸自己的女儿，突出自家好，别人会有不好的感受，这样会伤害他人。

女儿的话在情在理。因此，当我们在炫耀自我时，要防止过分突出自己，切勿使别人心理失衡，产生不快，以致影响了相互之间的关系。

有这样一个故事：两位要好的女友，甲靓，乙平平。她们一起去参加舞会，舞场上的许多男士频频与甲共舞，却在不知不觉中冷落了乙。甲意识到不妥，于是托词身体不适，奉劝朋友们邀请乙，男士们尊重了奉告，乙被男士们卷入了舞池，乙的快乐是不言而喻的。

甲以友情为重，不想女友被忽视，于是机智地采取一种平衡方式，使乙的心灵得到抚慰，这必定会使她们的友谊更加深一层。

英格丽·褒曼在获得了两届奥斯卡最佳女主角奖后，又因在《东方快车谋杀案》中的精湛演技获得最佳女配角奖。然而，她在领奖时，一再称赞与她角逐最佳女配角奖的弗沦汀娜·克蒂斯，认为真正获奖的应该是这位落选者，并由衷地说："原谅我，弗沦汀娜，我事先并没有打算获奖。"

褒曼作为获奖者，没有喋喋不休地叙述自己的成就与辉煌，而是对自己的对手推崇备至，极力维护了落选对手的面子。无论这位对手是谁，都会十分感激褒曼，会认定她是倾心的朋友。一个人能在获得荣誉的时刻，如此善待竞争对手，如此与伙伴贴心，实在令人敬佩。

以上故事说明，你的一言一行都要为对方的感受着想，学会安抚对方的心灵，不能使对方产生相形见绌的感觉。与此同时，自己也会有一个极好的心情。

每个人都想被评价得高一点，明知不可谈得意之事，但却情不自禁地大谈特谈，这是人性中共同的弱点之一。所以，完全不谈得意之事当然不可能，但同样是谈得意之事，不妨注意一下谈的方式。

一是至少在别人未谈得意事情之前，自己不要谈。也就是说，单方面大谈得意之事不雅，因此先让对方发表演讲之后，自己再说，这样不良的印象也就淡薄了。所以聪明的人总会注意到这个细节，他会对对方说："您的见闻广博"，给对方一个大谈得意之事的机会，然后若无其事地说："我也知道这样的事。"如此这般，穿插自己的得意之事会更好。

❧ 人生感悟 ❧

在生活中，经常可以看见一些人大谈自己的得意之事，表现自己的能力。其实，这并不好。很多时候，对方不仅不会认为你是"了不起"的，相反却会认为你是不成熟的、喜好卖弄的人。所以，与人交往的时候，尽可能不要提及自己的得意之事。

团结和友善，事情更好办

帮助别人成功，是追求个人成功的最保险的方式。尽管能力大小不同，每个人都有能力帮助别人，一个能够为别人付出时间和心力的人，才是真正富足的人。如果一个人做出的巨大成就让你感到其中也有自己的一份，你能够说："是我让他有今天。"这将是你最值得骄傲的经验。

帮助别人不仅利人，同时也能提升本身生命的价值，不论对方是否接受你的帮助，或是否感激你。想想看，如果每一个人都帮助另外一个人，世界将变得更和谐，人与人之间会更友善，成功的人也会越来越多。

在生活中，我们有时也许激怒了他人，或者被人激怒。当你被人激怒，并且说了一大堆气话之后，你确实可以消除自己的愤怒情绪，让自己变得轻松些。但是你并没有注意到他人的想法，如果别人并不接受你，那么你以后的工作就很难开展下去了。要想赢得他人的支持、获得事业的成功，无论在什么情况下都必须以友善的态度来待人。

在1915年的时候，小洛克菲勒还是科罗拉多州一个不起眼的人物。当时，发生了美国工业史上事态最严重的罢工，并且持续达两年之久。愤怒的矿工要求科罗拉多燃料钢铁公司提高薪水，小洛克菲勒正负责管理这家公司。由于群情激愤，公司的财产遭受破坏，军队前来镇压，因而造成流血，不少罢工工人被射杀。

在那种情况下，民怨沸腾。小洛克菲勒后来却赢得了罢工者的信服，他是怎么做到的呢？实际上，小洛克菲勒并没有通过镇压的方式去对待工人，而是花了几个星期去结交罢工的朋友，并向罢工者代表发表谈话。那次谈话不但平息了众怒，还为他自己赢得了不少赞赏。他演说的内容是这样的：

"这是我一生当中最值得纪念的日子，因为这是我第一次有幸能和这家大公司的员工代表见面，还有公司行政人员和管理人员。我可以告诉你们，我很高兴站在这里，有生之年都不会忘记这次聚会。假如这次聚会提早两个星期举行，那么对你们来说，我只是个陌生人，我也只认得少数几张面孔。由于上个星期以来，我有机会拜访整个附近南区矿场的营地，私下和大部分代表交谈过。我拜访过你们的家庭，与你们的家人见面，因而现在我不算是陌生人，可以说是朋友了。基于这份互助的友谊，我很高兴有这个机会和大家讨论我们的共同利益。由于这个会议是由资方和劳工代表所组成，承蒙你们的好意，我得以坐在这里。虽然我并非股东或劳工，但我深觉与你们关系密切。从某种意义上说，也代表了资方和劳工。"

　　这是一次出色的演讲，这可能是化敌为友的一种最佳的艺术表现形式之一。可以想象，假如小洛克菲勒采用的是另一种方法，与矿工们争得面红耳赤，用不堪入耳的话骂他们，或用话暗示错在他们，用各种理由证明矿工的不是，肯定没有什么好结果，只会招惹更多的怨愤和暴行。

　　假如人心处于不平的状态，就会对你有恶劣的印象，你就是用尽所有正确的理论也很难使他们信服于你。想想那些好责备人的双亲、专横跋扈的上司、唠叨不休的妻子，人们很少会对他们有好的印象。我们都应该认识到一点：人的思想不易改变。你不能强迫他们同意你的观点，但你完全有可能引导他们，只要你温和友善。

　　对罢工者表示出一种友善的态度是必要的，因为友善能够平息他们的愤怒，从而团结他们。比如，怀特汽车公司的某一工厂有250个员工，他们因要求加薪而举行罢工。当时的公司总裁罗伯·布莱克没有采取动怒、责难、恐吓或发表霸道谈话的做法，而是在报刊上刊登了一则广告，称赞那些罢工者"用和平的方法放下工具"。由于发现罢工监察无事可做，布莱克便买了许多球棒和手套让他们在空地上打棒球。有些人喜欢保龄球，他便租下了一个保龄球场。

　　布莱克富于人情味的举动，得到的当然是富有人情味的反应。那些罢工者找来了扫把、铲子和垃圾推车，开始把工厂附近的纸屑、烟头、火柴等垃圾扫除干净。让人感到奇怪的是一群罢工工人在争取加薪、承认联合公司成立的时候，同时清除工厂附近的地面！这在漫长、激烈的美国罢工史上是绝无仅有的。这次罢工终于在一个星期内获得和解，并没有在劳资之间产生任何不快或遗恨。

　　著名律师丹尼·韦伯斯特被许多人奉若神灵。虽然他的声誉如日中天，但他那极具权威的辩论始终充满了温和的字眼，他的辩论中经常出现这些词语："这有待陪审团的考虑""这也许值得再深思""这里有些事实，相信您没有疏忽掉""这一点，由您对人性的了解，相信很容易看出这件事的重大意义"——没有恫吓，没有高压手段，没有强迫说服的企图。韦伯斯特用的都是最温和、平静、友善的处理方式，但仍不失其权威性，而这正是他成功的最大助力。

　　通过以上事例，我们了解到，成功并不是很难，只要你懂得合作、友善，那么你就已经踏入了成功者的行列。

成功是善于合作与友善待人的结果。众人拾柴火焰高，现代社会人与人之间已经不再封闭、孤立，人们相互依存、相互影响，谁也离不开谁。正因为如此，一个人要取得成功，必须学会与别人一起工作，并能够与别人合作，友善地对待他人。

即使别人有错，也要找到优点

有一位首相，有一次为了推行其政策，在一个公众场合举行公开演说。当时聚集了数千人，首相正在演讲的时候，突然从听众中扔来一个鸡蛋，正好打中他的脸。安全人员马上下去搜寻滋事者，结果发现扔鸡蛋的是一个小男孩。

安全人员报告首相后，首相先是指示属下放走小孩，尔后又马上叫住了小孩，并当众叫助手记录下小孩的名字、家里的电话与地址。

这时候，台下听众猜想首相可能要对小孩进行处罚，于是开始不安起来。

这时首相对大家说："我的人生哲学是要在对方的错误中，去发现我的责任并找到对方的优点。刚才那位小朋友用鸡蛋打我，这种行为是很不礼貌的，但我不会责备他。因为作为首相，我有责任为国家储备人才。那位小朋友能够从那么远的地方，将鸡蛋扔得这么准，证明他是一个可以塑造的人才，所以我要将他的一些情况记下来，以便对其做更多的了解，促使其将来能成为我国的棒球选手，为国效力，这就是我的最大愿望。"

首相的一席话，把听众的所有的顾虑都打消了，演说继续顺利地进行下去了。

在别人犯错误时，轻易指责是不明智的做法，从别人的过错中，发掘对方长处，积极寻找具有建设性的建议，这才是最为重要的。如果能够做到这一点，那么不愉快的事情就会随风飘去，而且还会将坏事化为好事，帮助自己摆脱尴尬的场面。

赞扬在什么时候都不过时

默壳集团公司承包了一项建筑工程，预定于一个特定日期之前，在费城建造一幢高大的办公大厦，一切都照原定计划进行得很顺利。大厦接近完工阶段时，突然，负责供应大厦内部铜器装饰的承包商宣称，他无法如期交货。如果真是这样的话，整幢大厦都不能如期交工，公司将承受巨额罚金。

长途电话、争执、不愉快的会谈，许多努力都没效果。于是汤姆奉命前往纽约，要当面说服铜器承包商。出发前，他仔细考虑了如何顺利完成任务的相关细节。

"你知道吗？在布鲁克林区，用你这个姓名的，只有你一个人。"汤姆走进那家公司董事长的办公室之后，立刻就这么说。

董事长有点吃惊，"不，我并不知道。"

"哦，"汤姆说："今天早上，我下了火车之后，就查阅电话簿找你的地址，在布鲁克林的电话簿上，有你这个姓的，只有你一人。"

"我一直不知道。"董事长说。他很有兴趣地查阅电话簿。"嗯，这是一个很不平常的姓。"他骄傲地说，"我这个家族从荷兰移居纽约，几乎有二百年了。"一连几分钟，他继续说到他的家族及祖先。当他说完之后，汤姆就恭维他拥有一家很大的工厂，汤姆说他以前也拜访过许多同一性质的工厂，但跟他这家工厂比起来就差得太多了。"我从未见过这么干净整洁的铜器工厂。"汤姆如是说。

"我花了一生的心血建立了这个事业。"董事长说："我对它十分骄傲。你愿不愿意到工厂各处去参观一下？"

汤姆爽快的答应了。在参观过程中，汤姆恭维他的组织制度健全，并告诉他为什么他的工厂看起来比其他的竞争者高级，以及好处在什么地方。汤姆还对一些不寻常的机器表示赞赏，这位董事长就宣称是他发明的。他花了不少时间，向汤姆说明那些机器如何操作，以及它们的工作效率多么良好。他还坚持请汤姆吃午饭。

到这时为止，你也一定注意到，汤姆一句话也没有提到此次访问的真正目的。

吃完中午饭后，董事长说："现在，我们谈谈正事吧。我知道你这次来的目的。我没有想到我们的相会竟是如此愉快。你可以带着我的保证回到费城去，我保证你们所有的材料都将如期运到，即使其他的生意会因此延误也无所谓。"

汤姆甚至未开口要求，就得到了他想要得到的东西。由于那些器材及时运到，大厦得以在契约期限届满的那一天完工。

从赞扬人的方式开始，就好像牙医用麻醉剂一样，病人仍然要受钻牙之苦，但麻醉却能消除苦痛。要想改变一个人而不伤感情，不引起憎恨的话，应该学会从称赞和满足对方的心理需求入手。

✿ 人生感悟 ✿

求人办事，很多时候必须对对方做深入细致的了解，仔细琢磨，寻找能够打动、说服对方的得力武器。而赞扬他人则是其中必不可少的一个环节，也是能够说服他人的要害所在。切中了要害，成功几率也就会大大提高。

换个角度看问题，难事变简单

社交高手在与别人交流时，善于回避由己及人的反应，他们经常采取换位思考方式来看待问题。但是更多的人在听别人讲话时总是联系他们自己的经历，常常自以为是。

不少人给朋友打电话可以扯上一两个小时，跟父母却无话可说，或者把家当成吃饭睡觉的旅馆，为什么呢？曾有人专门讨论过这个问题，结果发现人们常常自以为是，家长总感觉自己的观点要比孩子正确，想问题比孩子全面。但是，善于交际人士的做法却是：站在对方的观点了解对方，再决定对对方的意见是接受还是不接受。他们不会根据自己的价值观探查别人的隐私，而是根据自己的经验提供忠告，但不把意愿强加于对方。

如果你细心，就会发现生活中有许多这样的情形：对方或许完全错了，但他仍不以为然。在这种情况下，不要指责他人，因为这是愚人的做法。你应该了解他，这才是聪明、宽容、善于与人沟通的做法。对方为什么会有那样的思想和行为，其中自会有一定的原因。探寻出其中隐藏的原因来，你便会得到了解他人行动或人格的钥匙。而要找到这种钥匙，就必须诚实地将你自己放在他的位置上，站在对方的立场去看问题。

假如你对自己说："如果我处在他当时的困难中，我将有何感受，有何反应？"这样你就可省去许多时间与烦恼，也可以学到许多处理人际关系的技巧。

多年来，卡耐基常到离家不远的公园中散步、骑马，以此作为消遣，像古时高尔人的传教士一样。卡耐基很喜欢橡树，所以，每当他看见一些小树及灌木被人为地烧掉时，就非常痛心。这些火不是由粗心的吸烟者所致，它们大多数都是由到园中野炊的孩子们摧残所致。严重的时候，火蔓延得很凶，必须叫来消防队员才能扑灭。

公园边上有一块布告牌，上面写道：凡引火者罚款或者拘禁。但这布告竖在偏僻的地方，很少有儿童看见它。有一位骑马的警察在照看这个公园，但他对自己的工作不大认真。有一次，卡耐基跑到一个警察身边，告诉他一场火正急速地在园中蔓延着，要他通知消防队。他却冷漠地回答说，那不是他的事，因为不在他的管辖区内。卡耐基非常生气，所以从那时起，当卡耐基骑马的时候，他总是自愿担负起保护公共地方的责任。最初，他没有试着从儿童的角度来对待这件事。当他看见树下起火时就非常不快，急于阻止他们。他上前警告他们，用威严的声调命令他们将火扑灭。如果他们拒绝，他就恫吓要将他们交给警察。卡耐基只是在发泄他的不满，而没有考虑孩子们的观点。

结果，那些儿童虽然遵从了，但是却是怀着一种反感的情绪遵从的。当他离开以后，他们又重新生火，并恨不得烧尽公园来作为报复。

多年以后，卡耐基学会了一些有关人际关系学的知识与技巧。面对那些调皮的孩子，他不再发布命令，不再威吓他们，而是走到火前，向他们说道："孩子们，这样很惬意是吗？你们在做什么晚餐？当我是一个孩童时，我也喜欢生火，而且我现在也很喜欢。但你们知道在公园中生火是极危险的，我知道你们不是故意的，但别的孩子们不会这样小心，他们过来见你们生了火，也会学着生火，回家的时候也不扑灭，以至于火在干叶中蔓延烧毁了树木。如果我们不再小心，这里就会没有树林了。因为生火，你们可能被拘捕入狱。我不干涉你们的快乐，我喜欢看到你们快乐地玩耍。但请你们现在将所有的树叶耙得离火远些，在你们离开以前，你们要小心用土将火盖起来，下次你们取乐时，请你们在山丘那边沙滩中生火，好吗？那里不会有危险。多谢了，孩子们，祝你们快乐。"这种说法产生的效果很明显，它使孩子们产生了一种同你合作的欲望，没有怨恨，没有反感。因为他们没有被强制服从命令并保全了面子，所以他们觉得好。当然，卡耐基也感觉很好，因为他在处理这件事情时，考虑了孩子们的观点。

哈佛商学院的一位院士说："在与人会谈以前，如果对于我所要说的及他似乎要回答的东西没有一个极清楚的概念，我情愿在那人办公室外的人行道上踱上两小时，而不愿走进他的办公室。"

如果你能够做到经常站在对方的立场去思考，站在他人的立场去看事，那么，矛盾和差异就会减少，人与人的沟通、交流及合作、公事就会顺利得多。所以，如果你要使人信服你，就要真诚的尽力站在对方的立场上看问题。

❀ 人生感悟 ❀

认识一个人是容易的，但要真正理解一个人却很难。不过，若替别人设身处地地想一想，站在对方的立场上看问题，那么与他人交流起来就容易多了。

不要无谓地抬杠

曾经有个叫哈里的人，他没有受过很高的教育，凡事总喜欢与他人争个明白。他曾当过汽车司机，后来又转行进入了推销行业，由于推销卡车不顺利而导致心灰意冷，无奈之下来求助于卡耐基。受到卡耐基课程的教诲后，他改变了处事的态度。

开始的时候，卡耐基给他提了几个简单的问题，就发现了他喜好抬杠。他还告诉卡耐基，如果客户挑剔他的车子，他会立刻涨红脸大声争辩。哈里承认了他在口头上赢得了不少的胜利，可是却没能赢得顾客。后来他对卡耐基说："每当与人进行一次争辩后，在走出人家的办公室时我总是对自己说，我总算整了那混蛋一次。但是，转念一想，我虽然赢得了争辩，却输掉了生意，这是得不偿失的。"

鉴于哈里的情况，卡耐基把解决问题的重点放在了如何提高哈里的自制能力上——如何避免与别人争个脸红脖子粗。

后来经过卡耐基的教导，哈里成了该汽车销售公司的明星推销员。哈里是这样做到的，他说："如果我现在走进顾客的办公室，而对方说：'什么？怀德卡车？不要，你就是白送给我，我也不要，我比较相信何赛的卡车。'而我会对对方说：'老兄，你的眼光的确不错，何赛的卡车的确很好，买他们的卡车是一个很好的选择，但我们的车也是优良产品。'听到你的回话，对方也就无话可说了，也就消除了争执的因素。如果他说何赛的车子最好，我就同意他的看法，只有他住嘴了，对方对你的提防才会减少，这样双方间的气氛也会融洽许多。然后，我就开始介绍我们公司产品的优点。不但为自己争得了宣传公司产品的时间，而且还为成交奠定了基础，这就是不抬杠的好处。"

后来哈里对卡耐基说："回想起当年的种种处事态度，脸上总是有发烧的感觉。我那爱争论的毛病害了自己，却成全了竞争对手。真不知道过去是怎么干推销的，以往我花了不少时间在抬杠上，现在改变这种缺点果然有效。"

有的人总喜欢凡事都要与别人争个对错，大有不分上下誓不罢休的架势。结果不但落得个没人缘，而且事情也办砸了。其实人与人之间存在着各种差异，出现矛盾是在所难免的。精明的人都懂得求同存异，在小矛盾中忍让一步，不与人发生口角，这样就会更容易赢得朋友，生活也会快乐许多。

🌸 人生感悟 🌸

一些人在与他人交往的时候，说不了几句话就与人抬杠，而且非要赢了对方不可。在这种情况下，往往会给对方留下令人厌恶的印象，并直接影响到办事的效率和以后彼此交往的深度。

能够容人且容人

对于与自己意见不同的人，打击报复只能为自己埋下更多的隐患，树立更多的敌人；而如果能用一颗宽大之心去包容他人，量才重用，给他人以平等的待遇，不但能够感化他，为己所用，更能够树立自己的威望，得到更多人的尊敬和拥戴，从而有利于巩固和扩大自己的朋友圈。

武则天作为中国历史上唯一的女皇帝，以其心术权谋、手段残忍为人所怵，但她惜才、爱才之举却为世人所称道。

上官婉儿是李唐时期五言诗"上官体"的鼻祖上官仪的孙女。上官仪是唐初重臣，曾一度官任宰相，后参与高宗的废后行动被武则天发觉，上官仪与其子被斩，上官婉儿与母沦为宫婢。婉儿14岁的时候，太子李贤与大臣裴炎、骆宾王等策划倒武政变，婉儿为了报仇也积极参与，后事情败露，太子被废，裴炎被斩，骆宾王亡命天涯。但上官婉儿则被武则天所赦。

上官婉儿14岁时曾作了一首《彩书怨》的诗，被武则天无意中发现。武则天不相信这么好的诗会出自一位女孩之手，便以室内剪彩花为题，让她即兴作出一首五律诗，并且要用《彩书怨》同样的韵。婉儿略加凝思，很快写出："密叶因裁吐，新花逐剪舒。攀条虽不谬，摘蕊讵知虚。春至由来发，秋还未肯疏。借问桃将李，相乱欲何如？"武则天看后，连声称好，并夸她是一位才女。但对"借问桃将李，相乱欲何如"装作不解，问婉儿是什么意思。婉儿答："是说假的花，足以乱真。""你是不是有意含沙射影？"武则天突然问道。婉儿十分镇静地回答："天后陛下，我听说诗是没有一定解释的，要看解释的人心境如何。陛下如果说我在含沙射影，奴婢也不敢狡辩。""答得好！"武则天不但没生气，还微笑着说："我喜欢你这个倔强的性格。"接着她又问婉儿："我杀了你祖父，也杀了你父亲，你对我应有不共戴天之仇吧？"婉儿依旧平静地说："如果陛下以为是，奴婢也不敢说不是。"武则天又夸她答得好，还表示正期待着这样的回答。接着，武则天赞扬了她祖父上官仪的文才，指出上官仪起草废后诏书的罪恶，希望婉儿能够理解她、效忠她！

但是，事与愿违，婉儿不仅没有效忠武则天，反而又参与了政变。执法大臣提出按律"应处以绞刑"；若念其年幼，也可施以流刑，即发配岭南充军。

而武则天认为：据其罪行，应判绞刑，但念她才十几岁，若再受些教育，是可以变好的。所以，不宜处死。而发配岭南，山高路远，环境又恶劣，对一个少女来说，也等于要了她的命。所以，也太重了些。尤其她很有天资，若用心培养，一定会成为非常出色的人才。为此，武则天决定对婉儿处以黥刑，在她的额上刺一朵梅花，把朱砂涂进去。并决定把婉儿留在她的身边，"用我的力量来感化她"。武则天还表示：如果我连一个十几岁的女孩子都不能感化，又怎么能够"以道德感化天下"呢？

武则天不但没有杀自己，反而将自己留在她的身边，这使婉儿非常感动。在以后的日子里，武则天经常对婉儿进行精心的指导，不断地去感化她、培养她，并重用她。婉儿也从武则天的言行举止中，了解了她的治国天才、博大胸怀和用人艺术，渐渐地对她彻底消除了积怨和误解，代之以敬佩、尊重和爱戴，并以其聪明才智，替她分忧解难，为她尽心尽力，成了她最得力的助手。

❧ 人生感悟 ❧

　　宽恕是一种比较文明的责罚。有权力责罚，却没有责罚；有能力报复，却不去报复，这就是一种宽恕，也是一种与他人沟通的法宝。宽容待人，以德感化他人，即便是敌人也会与你拉近距离，成为你可以依靠的人。

不要让矛盾跟自己作对

　　能否建立良好的同事关系，是考验一个人人品的试金石。尽管一个具有良好人品的人不一定拥有良好的人缘，但可以肯定的是，一个道德品质低下、人品低劣的人绝对不会拥有好人缘。正所谓：物以类聚、人以群分。一个正常的人，是不会与一个人品低下的人为伍的。所以，人品好坏将直接决定你的人缘好坏，当然，这里还需要掌握一些处事艺术。

　　同事与你在一个单位工作，几乎日日见面，彼此之间会有各种各样鸡毛蒜皮的事情发生，这也是比较正常的。每个人的性格、脾气秉性、优点和缺点各不相同，而当个人行为上的缺点和性格上的弱点暴露得多的时候，就会自然的引起瓜葛和冲突。这种瓜葛和冲突有的是表面的，也有背地里的，既有公开的，也有隐蔽的，这时各种矛盾就不可避免地产生了。

话还得说回来，同事之间虽然有了矛盾，但仍然可以来往。首先，意见往往都是起源于一些具体的事情，很少涉及个人的其他方面。事情发生后，虽然可以延续一段时间，但随着时间的流逝，会逐渐被人们淡忘。所以，你不要因为一些小意见而耿耿于怀。如果你能够看得开，不把过去的事当一回事，那么对方会以豁达的态度对待你，与你改善关系。其次，即使对方仍对你有一定的成见，也不妨碍与他的交往。因为在同事之间的来往中，大家追求的不是朋友之间的那种友谊和感情，而仅仅是为了更好地工作。有矛盾不是问题，只要双方在工作中能够通力合作就万事大吉了。由于工作本身涉及双方的共同利益，彼此合作的结果怎样，事情成功与否，与双方都有直接的关系。所以，如果对方能够认识到这一点，那么他自然会努力与你合作。如果对方心存芥蒂，那么你不妨在合作中点明这一点，这样则有利于相互之间的合作。

同事之间有了矛盾是正常的，只要彼此能够面对现实，积极采取措施去化解双方之间的分歧，那么双方和好如初，甚至比以前的关系更好，并不是一件多么难的事情。采取主动态度是化解彼此矛盾的最基本的要求，你不妨尝试着抛开过去的成见，更积极地对待对方，至少要像对待其他人一样地对待他。也许一开始，他会心存戒意，但只要你有诚心，并有耐心，将过去的积怨平息是能够做到的。你要坚持善待他，一点点地改进，时间长了，你们之间的问题就会自然地化解了。

❧ 人生感悟 ❧

时时有矛盾，处处有矛盾，只要你从容些，大度些，那么一切不愉快都会消失，你的工作、生活也会更顺利、更愉快。

批评要委婉地表达出来

"良药苦口""忠言逆耳"，但是现实中，被忠言相告的人往往不领情。而一个善于交际的人在面对这种情况的时候，会把"良药"裹上糖衣，抛给对方，使对方有一种"忠言不逆耳"的惬意。

指出别人的错误，是对别人的否定，而否定又有轻重之别。鉴于此，针对犯错误的人要区别对待，采用适当的方法分别指出。

如果你是一个公司的老板，当职员在工作中出现了失误，你在指正他的错误时，要讲究方法，因人而异。有的职员因为本身的原因，常常缺乏干劲，工作没有主动性。对于他们要调动其主动性，如果你抓不住问题的关键，指责批评也无济于事，主动性必须从其内心激发出来。因此，对待他们，指责只能是隐晦的，对待他们激励是最好的方法。

如果他喜欢养花，就先和他谈一些关于花的知识，然后，进一步再谈工作，这样就可以调动起职员的积极性，他便有信心认真、热情的去工作。不仅如此，这种激励的方法还能使职员产生一种责任感，而责任感恰恰是做好工作的前提。

如此一来，职员肯定会心服口服，愉快地接受你的指责。人们在受到责备时，都会感到不快，因此，此时采用何种方法就显得很重要。但是有一种特殊的人，任你使尽各种方法，他只是我行我素，依然如故。

有位女经理，精明强干，手下的一班干将也都十分出色。但前不久，一名助手因为迁居别处而调走了，接任的是一位刚刚毕业的大学生。这位新来的女大学生，人长得很漂亮，又很会打扮，洽谈业务的能力也很强。但另一方面，她做起工作来马马虎虎，常常将印过的资料不加整理便交上去，办公桌上也乱七八糟。女经理一开始还忍着，认为慢慢会好的，但很长一段时间过去了，她还总是老样子。而且，这个女孩对于任何批评、责备都只当耳边风，让人急不得、气不得、恨不得、恼不得。后来，那位女经理决定改变责备方式，只要一发现她的优点就称赞她。

一天，这个女孩穿了一件碎花白裙，梳了时下流行的发式来上班，女经理一看机会来了，便称赞着说："这身衣服真不错，再配上这个发式很漂亮，要是你以后的工作，也像你穿衣一样漂亮就好了！"女孩脸一红，马上体会到了经理话中有话。没想到这个办法真灵验，仅仅十几天，那女孩的工作改观了很多。一个月后，她工作马虎的毛病彻底改掉了。

俄克拉荷马州恩尼德市的江士顿，是一家工程公司的安全协调员。他的职责之一是监督在工地工作的员工戴上安全帽。他说以前只要碰到没有戴安全帽的工人，他就官腔官调地告诉他们，要遵守公司的规定，必须戴上安全帽。员工虽然接受了他的意见，却满肚子不高兴，常常在他离开以后，又把安全帽摘下来。

后来，他决定采取另一种方式。当他再发现有人不戴安全帽的时候，他就问他们是不是安全帽戴起来不舒服，或者有什么不适合的地方。然后他以令人愉快的声调提醒他们，戴安全帽的目的是保护他们不受伤害，所以，工作时戴安全帽是一种自我保护，这完全是为他们着想。

结果遵守公司规定戴安全帽的人越来越多，而且没有引发工人的愤恨或不满情绪。

❧ 人生感悟 ❧

　　粗暴的责备有时并不能解决问题，相反，利用委婉的批评来使他人改掉毛病，则能收到事半功倍的效果。

避开别人的隐私和痛处

明太祖朱元璋出身贫寒，做了皇帝后自然少不了有昔日的穷哥们儿到京城找他。这些人满以为朱元璋会念在昔日挚友的情分上，给他们封个一官半职，谁知朱元璋最忌讳别人揭他的老底，以为那样会有损自己的威信，因此对来访者大都拒之不见。

有位朱元璋儿时一块儿玩耍长大的好友，千里迢迢从老家凤阳赶到南京，几经周折总算进了皇宫。一见面，这位好友便当着文武百官的面大叫大嚷起来："哎呀，朱老四，你当了皇帝可真威风呀！还认得我吗？当年咱俩可是一块儿光着屁股玩耍长大的，你干了坏事总是让我替你挨打。记得有一次咱俩一块偷豆子吃，背着大人用破瓦罐煮，豆子还没煮熟你就先抢起来，结果把瓦罐都打烂了，豆子撒了一地。你吃得太急，豆子卡在嗓子眼儿还是我帮你弄出来的。怎么，不记得啦！"这位昔日的好友还在那儿喋喋不休唠叨个没完，宝座上的朱元璋再也坐不住了，心想此人太不知趣，居然当着文武百官的面揭我的短处，让我这个当皇帝的脸往哪儿搁。盛怒之下，朱元璋下令把这个穷哥们儿杀了。

朱元璋的这位好友实在有些可怜，尽管他的话说得很真诚，但情况早已是今非昔比，假若朱元璋还一直是个平民，那么好友说的话再不顺耳，结果也不会有什么意外。然而，此时朱元璋已经成为万人拥戴的皇帝了，身份地位发生了翻天覆地的变化，他现在要的是尊严和威信，岂容他人揭穿自己的隐私与痛处？

在待人处世中，场面话谁都能说，但并不是谁都会说，一不小心，也许你就踏进了言语的"雷区"，触到了对方的隐私和痛处，犯了对方的忌，那么就会给听话者造成一定的伤害。其实，每个人都有所长，亦有所短，待人处世的成功，一个很重要的因素就是善于发现对方身上的优点，夸奖对方的长处，而不要抓住别人的隐私、痛处和缺点，含沙射影，更不能大做文章。切记：揭人之短，伤人自尊。

"揭短"，有时是故意的，那是互相敌视的双方用来作为攻击对方的武器。"揭短"，有时又是无意的，或许是因为自己考虑的不周全一不小心犯了对方的忌讳。有心也好，无意也罢，在待人处世中揭人之短都会伤害对方的自尊，轻则影响双方的感情，重则导致友谊的破裂。因此，为了尽量避免出现揭短的现象，自己在平时要加强修养，并且多向有经验的人学习。

有这样一个例子，一群人正在看电视剧，剧中出现了婆媳争吵的镜头。张大嫂便随口议论道："我看，现在的儿媳真是不知好歹，不愿意和老人住在一起。也不想想以后自己老了怎么办？"话未说完，旁边的小齐马上站了起来，怒声说："你说话干净点，不要找不自在，我最讨厌别人指桑骂槐！"原来小齐平素与婆婆关系失和，最近刚从家里搬出外住。张大嫂由于不了解情况，无意中揭了对方的短而得罪了小齐。所以，在说话前一定要三思，切勿因为自己的实话而犯了他人的忌讳。真诚待人并不等于为人处事都实话实说，有些事情该忌讳的，还是不说为好。

❧ 人生感悟 ❧

俗话说得好，"打人不打脸，揭人不揭短"，要想与他人友好相处，真诚是必要的，但也要尽量体谅他人，维护他人的自尊，避开言语"雷区"，千万不要戳人隐私和痛处。